电力工程服务中心标准化作业指导一本通

宁波永耀电力投资集团有限公司 组编

中国电力出版社
CHINA ELECTRIC POWER PRESS

内 容 提 要

为提升电力工程一线工作人员的服务、业务及营销技能，结合电力工程服务中心各岗位特点，遵从相关法律法规，宁波永耀电力投资集团有限公司组织相关专家编写了本书。

本书包括五部分，分别是基础篇、服务篇、业务篇、营销篇、案例篇，结合实际工作场景，通俗易懂。

本书可供电力工程服务的相关人员使用。

图书在版编目（CIP）数据

电力工程服务中心标准化作业指导一本通 / 宁波永耀电力投资集团有限公司组编. —北京：中国电力出版社，2019.7

ISBN 978-7-5198-3340-4

Ⅰ. ①电… Ⅱ. ①宁… Ⅲ. ①电力工程–服务标准化–宁波 Ⅳ. ①TM7

中国版本图书馆 CIP 数据核字（2019）第 130559 号

出版发行：中国电力出版社
地　　址：北京市东城区北京站西街 19 号（邮政编码 100005）
网　　址：http://www.cepp.sgcc.com.cn
责任编辑：罗　艳（yan-luo@sgcc.com.cn，010-63412315）
责任校对：黄　蓓　李　楠
装帧设计：张俊霞
责任印制：石　雷

印　　刷：北京博海升彩色印刷有限公司
版　　次：2019 年 7 月第一版
印　　次：2019 年 7 月北京第一次印刷
开　　本：850 毫米×1168 毫米　32 开本
印　　张：4.25
字　　数：127 千字
印　　数：0001—2500 册
定　　价：25.00 元

编 委 会

编 写 组

前 言

为贯彻落实党的十九大精神，深化“放管服”改革要求，宁波永耀电力投资集团有限公司坚持以客户为中心、以市场为导向，从优化营商环境、提升“获得电力”指数大局出发，组织编写了《电力工程服务中心标准化作业指导一本通》，旨在进一步提升基层员工业务水平，规范员工日常业务行为，从而提高业务效率、优化服务水平。本书由电力工程服务中心各岗位专家亲自参与编写，面向电力工程服务中心各岗位一线工作人员。本书在编写过程中结合电力工程服务中心各岗位特点，遵从相关法律法规，编写了基础篇、服务篇、业务篇、营销篇、案例篇五大篇章，致力于提升一线工作人员的服务、业务以及营销三大工作技能。

本书具有以下几个特点：一是内容全面。本书对电力工程服务中心所涉及的工程承揽、业务受理、现场查勘等十四大业务流程进行了详细阐述，对工程项目的开展起到了全方位的指导作用。二是规范指导与实践相结合，便于理解。本书内容结合了实际案例，对重点环节以及做法进行了分析讲解，并通过评一评引导工作人员对日常工作进行反向思考。三是图文并茂，便于阅读。本书结合实际工作场景照片，以及图形化的文字，使得内容更加通俗易懂，能使读者很快掌握要点。

本书的编写得到了窗口一线、客户经理、技术经营等各岗位专家的大力支持，在此谨向参与本书编写、研讨、业务指导、审稿的各位领导、专家和相关单位致以诚挚的感谢！

限于编者水平，书中如有疏漏、不足之处，恳请各位领导、专家和读者提出宝贵建议。

编 者

2019 年 5 月

目录

CONTENTS

第四部分　营销篇　066

第五部分　案例篇　105

第一部分
基础篇

一、电力工程服务中心定义

电力工程服务中心是集设计、施工、设备、运维、用电咨询、节能、光伏、电动汽车服务等为一体的综合性能源服务平台，是宁波永耀电力投资集团有限公司（以下简称永耀集团）面向广大客户的窗口门户，更是集团与客户之间沟通的纽带，从办电、用能、节能等方面，为客户提供高效办电、能效监测、节能优化等综合能源服务解决方案。

二、电力工程服务中心职责

对内 电力工程服务中心的工作从业务受理至资料归档贯穿工程项目的全流程，衔接企业内部的业务流转，实现业务内转外不转，让客户“只进一道门，办妥所有事”。

对外 电力工程服务中心秉承以客户为中心、以市场为导向的服务理念，为客户提供高效便捷、主动精准、价值共创的能源业务服务。电力工程服务中心依托“互联网+”营销服务信息互通优势，利用移动互联工具，实现客户“智能化”线上办理体验。同时，进行客户经理网格化“一岗制”业务服务模式的推广，将业务承揽工作前置，实现客户经理“管家式”的服务模式。目前电力工程服务中心正积极从传统施工型逐步向综合能源服务型转变，在优化传统业务模式的基础上，电力工程服务中心拓展售后延伸业务，充分挖掘大数据价值，利用电力工程业务管理系统、“电管家”服务平台上建立的客户数据库进行大数据分析，为客户提供定制化用能、节能服务，以及差异化用能解决方案。

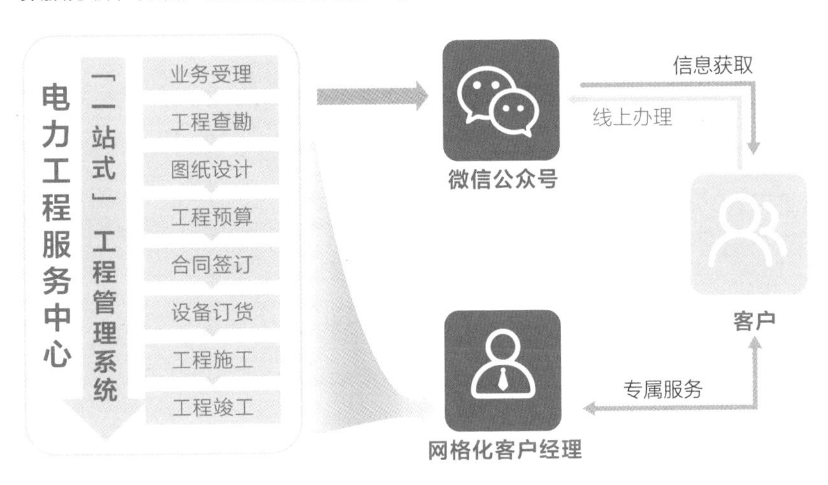

三、电力工程服务中心发展愿景

进一步完善**“一区一中心”**电力工程服务中心营销网络，构建**“三个一”**工作体系，即“一个服务中心”“一本作业手册”“一套工程系统”，强化市场意识，提升服务中心运营水平，全面实现电力工程服务中心“一站式”服务能力再提升。

致力于将电力工程服务中心建成**“一型四化”**（即业务内容综合型、服务体验智能化、工作流程标准化、岗位联动高效化、团队人员专业化）的新型能源服务营销平台。充分整合电力工程服务中心经营资源，优化管理模式，固化操作流程，减少冗余环节，提升工作效率，为客户提供更优质的新型能源服务。

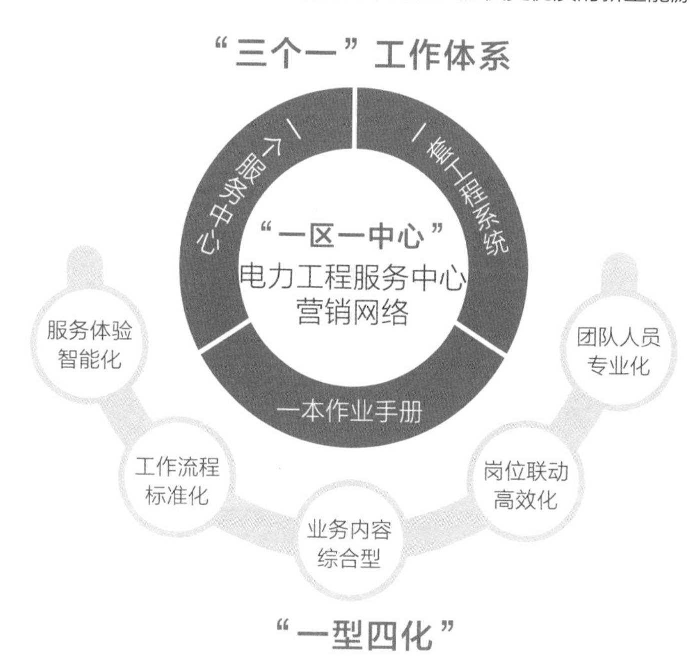

第二部分
服务篇

第一模块　窗口现场服务规范

一、准备工作

1 接待准备

- 检查仪容仪表是否符合基本要求
- 检查工作台是否清洁
- 检查工作必需品是否齐全
- 检查工作设备是否运转正常

（1）女士仪容要求。

类别	仪　　容
发式	头发需勤洗，无头皮屑，不染烫发，且梳理整齐；长发束起并盘于脑后、与耳齐平，刘海不得掩盖额头，短发需合拢在耳后
面容	面部保持清洁，眼角不可留有分泌物，保持鼻孔清洁；工作时要化淡妆，以淡雅、清新、自然为宜
口腔	保持口腔清洁，不留异味，不饮酒或含有酒精的饮料
耳廓	耳廓、耳根后及耳孔边应每日用毛巾或棉签清洗，不可留有皮屑及污垢
手部	保持手部的清洁，指甲不得长于 2mm，可适当涂无色指甲油
体味	要勤换内外衣物，给人以清新的感觉，不使用香味过浓的香水

1）刘海不得掩盖额头，短发需合拢在耳后；工作时要化淡妆，以淡雅、自然为宜。

2）饰物佩戴要求简洁大方，色彩淡雅。耳饰以素色耳钉为主，手腕部除手表不得佩戴其他饰物，项链不外露。

3）着合体西装，领巾需要平整，符合统一要求。

4）长发束起并盘于脑后，与耳齐平。

5）脚跟并拢，两脚呈“丁”字形站立，或呈“V”字形站立。

6）双臂自然下垂于身体两侧，将双手自然叠放在小腹前，右手叠加在左手上。

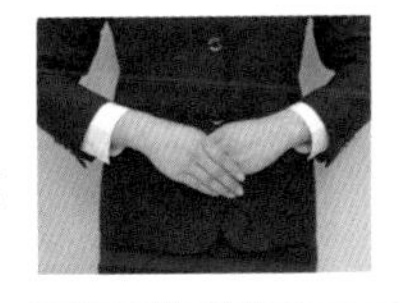

女士　仪容规范

（2）男士仪容要求。

类别	仪　容
发式	头发需勤洗，无头皮屑，且梳理整齐
面容	面部保持清洁，眼角不可留有分泌物；如戴眼镜，应保持镜片的清洁；保持鼻孔清洁，平视时鼻毛不得露于孔外
口腔	保持口腔清洁，不留异味，不饮酒或含有酒精的饮料
耳廓	耳廓、耳根后及耳孔边应每日用毛巾或棉签清洗，不可留有皮屑及污垢
手部	保持手部的清洁，养成勤洗手勤剪指甲的良好习惯，指甲不得长于 1mm
体味	勤换内外衣物，给人清新的感觉

1）面部保持清洁，忌留胡须，养成每天修面剃须的良好习惯。

2）不染发，不光头，不留长发。

3）前不掩眉、侧不掩耳、后不触衣领为宜。

男士　仪容规范

4）脚跟并拢，脚呈“V”字形分开，两脚尖间距约一个拳头的宽度；或两脚平行分开，略窄于肩膀。

5）着合体西装、领带，熨烫平整；领带长度以在皮带扣上下缘之间为宜；工号牌应端正地佩戴在左胸正上方。

6）双臂自然下垂于身体两侧，或双手轻握，放在小腹前或置于身后；着长袖衬衫，袖口长度需超出西装袖口 1cm 为宜。

2 接待原则

待客三声

- 来有迎声
- 问有答声
- 去有送声

三要

- 服务客户要主动
- 服务用语要亲切
- 服务工作要到位

三不要

- 不要利用工作之便谋取不当利益
- 不要泄露客户的商业秘密
- 不要损坏企业形象

3 示例话术

常用的服务语句

- 您好，很高兴为您服务。
- 请问您需要办理什么业务？
- 请您稍等一下。
- 麻烦您在这里签名。
- 谢谢您在我们这里办理业务。
- 再见，请您慢走。

向客户道歉时的语句

- 让您感到不愉快，我们很抱歉。您可以说一下您的意见吗？
- 很抱歉，是我们服务/工作不到位。
- 我们将更加注意，保证今后不会再发生类似的事情。

对客户的意见传达感谢的语句

- 感谢您指出我们的不足，谢谢您的宝贵意见。
- 感谢您的意见，我们会根据您的反馈积极改进工作/服务质量。
- 感谢您的意见，您的意见将作为我们今后工作的重要参考。

当客户提出意见时的语句

- 确实如您所言。
- 您指出的地方我很赞同，感谢您的宝贵意见。
- 我们真心接受您的意见。

告诉客户无法做到时的语句

- 很抱歉，您的建议非常好，我会向上级部门反映问题。
- 很抱歉，我们暂时无法为您办理。

当客户表示感谢时的语句

- 不客气，这是我们应该做的。
- 谢谢您的夸奖，我们会继续努力。

二、迎接客户

当客户来到门口，服务人员应迅速反应注意到客户，说：“您好，这里是Y电力工程服务中心，请问有什么可以为您服务吗？”辨识客户身份以及业务需求后，为客户指示方向，并引导客户入座。遇到服务对象咨询或申请办理非本部门受理范围内的其他事项时，应当告知其不予受理的原因，并告知客户或将其引导至有关窗口办理。

柜台人员在客户离工作台 3m 以内的距离时需起身迎接，注视客户，面带微笑，主动问候客户。

当客户为重要客户时，服务人员需引导客户进入洽谈区，为客户指示方向，并引导客户入座，待客户入座后询问客户是否需要茶水/温水/咖啡。

为客户倒茶时，需把茶碗放在茶托上，再端给客户。并向客户打声招呼，示意要上茶。

会议或会谈期间需要为客户及时换茶或续茶。

三、咨询服务

为客户提供咨询服务时，要做到优质高效。应当履行一次性告知的义务，承担一次性告知的责任，做到发放资料“一手清（资料一次性发放完整）”、回答问题“一口清（问题一次性回答到位）”。服务人员应当向客户提供申请事项的示范文本、业务环节（流程）示意图、办事须知等资料。

方向指示：

引导客户时，上身应略微前倾，手臂伸直，五指自然并拢，掌心稍微向上。

阅读指示：

四指并拢，拇指微微张开，掌心向上，指向阅读内容。

递交资料：

以客户的视角为准，以文字的正面方向双手递交资料。

• “您好，我们目前承接的业务包括工程设计、工程施工、物资采购及其他电力工程相关的业务。请问您需要了解哪方面的业务内容？”

• 请问我解释清楚了吗？

• 很抱歉，请允许我再给您解释一遍。

• 不客气，这是我们应该做的。

四、办理服务

在工作台上为客户办理业务时，需要注意以下坐姿规范。

- 头部挺直，双目平视，下颌内收。
- 挺胸收腹，两肩放松，勿依靠座椅背部。
- 双手自然交叠，自然放在双膝或椅子扶手上，或将腕至肘部的三分之二处轻放在柜台上。
- 女士双腿并拢并垂直于地面，或双腿可向右或向左自然倾斜；男士双腿可并拢，也可分开，但不宜超过肩宽，不可翘二郎腿或叠腿等。

在办理业务过程中，不可推诿塞责，怠慢客户，需要充分了解客户的需求，为客户提供亲切服务。

1 业务办理

资料接收

当客户递交过来证件等物品时，服务人员需要做出应答“好的，我马上为您办理”，并保持微笑，用双手接过物品。

◉ 注意事项：

为客户办理业务过程中，服务人员如果需要称呼客户，应使用“X 先生/小姐（或女士）”的称谓。如果是熟悉的客户，应该记住对方的职位。个性化的称呼，会给客户以亲切感。

资料签名

当业务办理时需要客户在纸质资料上签名时，服务人员应双手递出相关书面材料，并指明需要客户签名的位置，请客户核对后在指定位置进行确认，并签名盖章。当需要客户进行电子签名时，服务人员应先向客户说明使用方法，再指明签名的位置。

业务结束

告知客户办理结果的工作时限、下一步工作内容。

2 暂停业务

需要离席时

在为客户办理业务过程中，服务人员如果需要暂时 离开座位，应主动告知客户离开的原因，说明大概需要等待的时间。例如，说“对不起，我给您拿一些资料/我去请示部门负责人，需要离开五分钟左右，请您稍等”。回来后，服务人员需及时向客户致歉，说“对不起，让您久等了”。

需要接听电话时

当电话接入时，服务人员应首先向客户说明“对不起，请稍等”，再接起电话，告知对方“您好，我们正在业务办理中，稍后给您回电”。

3 工作交接

与客户经理交接工作

当业务需要交接给客户经理处理时，需要先向客户介绍客户经理，再向客户经理介绍客户。首先介绍本单位客户经理的姓名、职位，接着介绍客户的姓名、办事目的以及接下来需要办理的事项。例如说：“接下来我们的客户经理 A 经理会为您提供服务。”

客户经理接待客户

客户经理递交名片，并做简单的自我介绍：“您好，我是 Y 电力工程服务中心的客户经理小 A，很高兴为您服务。”

五、电话服务

1 电话形象

员工个人形象代表着企业产品与服务的形象。因此，我们拨打客户电话时，需要有电话形象的意识。电话形象，通常是由以下四个要素所构成的：

通话的时间和地点

通话前应该选择合适的时间以及合适的地点打电话。

通话的态度

通话时的语速、表情、动作及声调都会向客户传达我们的态度。

通话的内容

通话时说的内容一般以简短扼要为准。

通话的声音

通话时根据需要传达的内容以及通话对象有所变化。面对年纪较大的客户，可适当大声以及慢慢说。一般情况下保持适中语速。

② 接听电话

流程：

· 服务人员接到来电时，需首先向对方问好，并主动报出：“您好，这里是Y电力工程服务中心。”交谈时需态度谦和、礼貌。

· 当对方表示表达内容已经结束时，服务人员还可以询问：“请问您还有其他事情吗？”或者“请问您还需要其他帮助/解答吗？”

· 当通话完毕时，服务人员可主动道别，说：“再见，很高兴为您提供服务。”

3 致电客户

· 服务人员致电客户时，需首先向对方问好，并主动报出自己所属单位及姓名。例如，说:“您好，我是Y电力工程服务中心的小A，请问您现在接听方便吗？”得到客户肯定的回复后再表明致电的用意。

· 当在对方的休息时间、下班时间、节假日等对方私人时间时，第一句话应该说“抱歉，在您休息的时候打扰您了”，并迅速说明用意。

· 通话完毕需要挂机时，服务人员需主动向对方表示感谢并道别，服务用语为:“不好意思打扰您了，谢谢，再见。”等对方先行挂断电话后方可结束通话。

◎ 注意事项:

接电话时需要注意周围环境，说话声音不打扰周边人工作，尽量选择相对安静的环境。

4 转接电话

· 转接他人的电话时，服务人员不可大声呼叫，应告知对方“请您稍等”，随后确认转接人是否在场。

· 当转接人目前无法接听电话:

■ 在对方方便的情况下，服务人员可以请对方留言。记录留言重点时应做到:①重复对方留言的要点；②确认对方的公司、姓名及联系电话；③重复确认重要数字，例如时间（周几、上下午等）；④告诉对方自己的名字使对方安心。同时回答对方“请您放心，我一定会转告他/她”。

■ 当对方不方便留言时，可建议对方稍后打来，如时间确定，可告知对方。例如：①“等 XXX 回来之后，我让他/她打电话给您”；②“如果您方便的话，我转达您的留言给他/她”；③“XXX 不在办公室，稍后让他给您回电”；④“XXX 会在 X 点左右回来，您可以那时候再打电话过来”。

六、异议处理

1 请示处理

当客户对业务产生异议时，应及时请示相关人员进行处理，并告知客户。例如，“请您稍等一下，我联系技经部门的 XXX（说明职务），让他为您服务”。

2 告知客户

如上级人员暂时离开，则需告知客户后续处理的负责人以及答复客户的期限，例如，“非常抱歉，我们技经部门的 XXX 会在今天下班之前（说明时间）给您答复”。

七、送别客户

1 柜台送别

当客户办理业务完毕离开时，服务人员应微笑地与客户道别，并叮嘱客户带上随身物品，说：“很高兴为您提供服务，请您带好随身物品，请慢走。”

2 陪同送别

重要客户需要尽量送别客户到达电梯口或服务中心门口，送别时，应陪同客户，边走边聊，使气氛融洽。

进出电梯：

将客户送到电梯口时，需要为客户按下电梯按钮。电梯开门后，一手按住电梯侧门，礼貌地说“请进”，请客户进入电梯。向客户招手道别，并等候客户离开。当陪同客户进入电梯时，需要为客户按下客户要去的楼层按钮，到达目的楼层后一手按住“开”按钮，另一只手做出“请出”的动作：“到了，您先请！”客户走出电梯后，随之走出电梯，并引导前进方向。

● 上下楼梯：

按照“上楼梯时在后，下楼梯时在前”的陪同原则，引导客户上下楼梯。

● 送出门口：

将客户送到服务中心门口时，开门时，需要先客户一步，为客户开门。行鞠躬礼，向客户道别，并留在最后直至客户离开。

第二模块　预约上门服务规范

一、出发准备

提前预约

通过线上或电话方式，在合适的时间联系客户，说明身份以及联系用意，确定上门服务时间。如，致电时说：“您好，我是Y电力工程服务中心的客户经理小A，我们就某某工程想与您当面对接一下/向您介绍一下公司业务，请问您什么时候方便？”

仪容仪表检查

按照永耀集团着装规范要求，检查着装及仪容是否达到规范要求。

资料检查

检查是否已经携带相关证件及相应资料。

二、进厂入户

1 进厂规范

车辆到达客户单位或工地门卫处，应遵守客户的进（出）入登记等保卫制度，主动向门卫告知来意，并出示个人工作证件，经对方同意后，方可驾车进入。如客户要求登记，应积极配合。

◉ 示例话术：

“您好，我是 Y 电力工程服务中心工作人员 XXX，这是我的工作证件。我是来给您（贵单位）办理 XX 业务的。请您协助配合，谢谢！”

2 停车规范

（1）停放车辆时，自觉整齐停放在规定的车位，保持车辆前后左右的距离以防碰撞；并确保不影响其他车辆、行人通过。

（2）不得在客户工地或单位内洗车、修车及清扫车上杂物等。

3 拜访规范

联系客户，告知客户自己的单位、姓名、用意以及已经到达的位置。

◉ 示例话术：

您好，我是 Y 电力工程服务中心的客户经理小 A，来与您对接 XX 工程，现在已经到达 XX 地点。

◉ 注意事项：

需要提前至少十分钟到达约定地点，当预估无法准时到达时需要提前告知客户，并告知客户预计到达时间。例如，预计迟到五分钟，则应告诉客户自己会晚到十分钟。

三、现场洽谈

1 洽谈流程

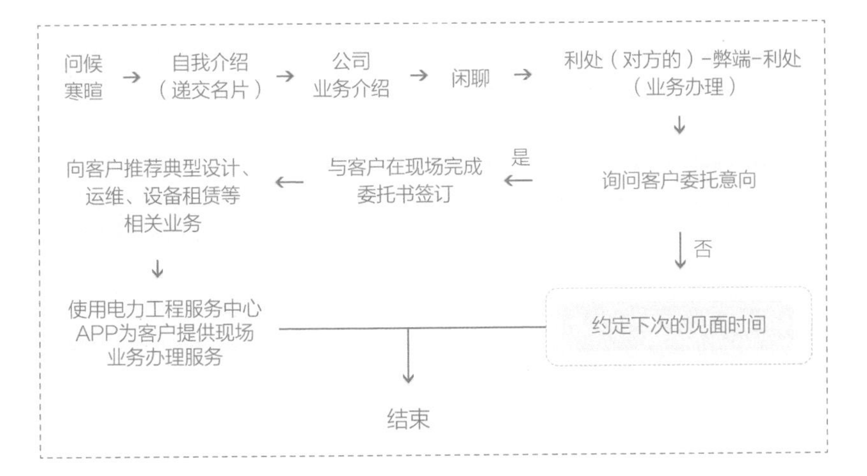

2 沟通内容要点

· 单位名称等自我介绍；

· 介绍可以提供的服务（产品）以及服务（产品）优势；

· 询问客户委托意向；

· 获得委托意向后，与客户在现场完成委托书签订，并使用电力工程服务中心 APP 为客户提供现场业务办理服务。

◎ 注意事项:

- 在谈论工作前，若对方时间不是很紧迫，稍微闲聊一下有助于制造融洽的交谈氛围。
- 需要了解客户需求，针对客户的需求回答客户关心的事项：①第一感觉很重要；②告知客户业务流程以及办结时限；③告知办事内容。

四、告别离开

- 整理随身物品，避免遗漏
- 提醒客户下一步工作的注意事项或下一步工作流程
- 微笑道别，对客户的协助与接待再次表示感谢

◎ 示例话术：

- 很高兴为您提供服务，接下来我们将为您办理 XX 业务，并及时通知您（并在 X 个工作日内联系您）。如果工作上有需求，请您随时拨打我名片上的电话或者是我们的服务热线，我们将随时为您提供服务。再见！
- 感谢您对我们工作的支持。后续如果您有任何需求可以随时联系我们。

第三部分

业务篇

一、工程承揽

1 项目投标

工程项目招标范围

- 国家法律法规规定必须招标项目。
- 地方性法规或政府部门要求招标的项目。
- 建设方（业主）要求招标的项目。

投标操作流程（由招投标专职人员负责）

- 公开招标项目通过招标投标服务平台等媒介获取相关信息；邀请招标项目通过招标代理机构的投标邀请函获取相关信息。
- 按招标公告上的要求准备报名资料。
- 到招标代理机构报名，（如需报名审查）接受报名审查。
- 报名通过后，至少在招标公告规定的截止时间前一天购买招标文件。
- 组织有关人员按招标文件的具体要求，编制投标文件。
- 至少在招标公告规定的投标截止时间前 2 天完成投标文件制作，路程较远的投标文件递交点至少提前一天到达。
- 等候开标、评标、定标、中标公示，接收中标通知。
- 收到中标通知书后，与招标人在 30 天内签订合同。
- 履行合同内容。

投标工作注意事项

- 前期工作。经营部门牵头组织对所投项目进行前期调查，包括项目内容、工期、资金来源情况等，根据调查的情况，结合自身实际决定是否参与投标。

- 报名阶段。对照招标公告，充分准备报名资料。如果是资格预审，需要带全所要证书证件（注意是否需要复印件）；如果资格后审，则要按资格后审的要求办理；注意招标公告中投标保证金和工本费的缴纳要求。

- 投标准备。报名完成取得招标文件后，需要对招标文件认真研究、熟悉招标文件内容及相关要求，要注意招标文件中的时间安排并按要求办理。工程类项目如果有踏勘现场、答疑等事项，要按相关要求参与办理。按要求制定标书，一定要注意标书内容要全，签字盖章不能遗漏，要对照相关要求编制，特别要注意封面、字体、内容、业绩要求和投标承诺等方面。

- 投标。相关人员要按时间要求签到，相关证件要齐全，遵守现场纪律，按要求唱标，听候安排，认真记录开标情况，等候开标结果。

2 直接委托

通过电力工程服务中心的微信公众号线上申办信息以及其他渠道获取客户需求，电力工程业务管理系统会将业务信息推送至客户经理移动终端。客户经理应第一时间主动与客户联系，确认项目情况，达成委托意向。

二、业务受理

1 窗口受理

规范要点

服务人员应按照“首问负责制”服务要求指导客户办理各类工程委托申请，向客户宣传解释相关政策规定。

业务流程

（1）询问客户委托申请意图，一次性告知客户所需办理委托项目资料清单目录、业务办理流程、相关的收费项目（设计、设备、施工）及标准，引导并协助客户填写委托工程申请单。

◎ 注意事项：

· 向适用于典型设计方案的客户推荐并介绍相应的典型设计方案。如客户采纳其中一套方案，服务人员在电力工程业务管理系统内勾选典型设计方案选项，以方便查勘人员了解用户的典型设计方案意向。

· 对临时基建用户，告知并推荐公司的变压器租赁业务，降低客户一次性建设投入，具体计算方法实行月租金预付制度，先交后用。设备租赁期间用户仅享有该设备的使用权，租期满后使用权归公司所有。

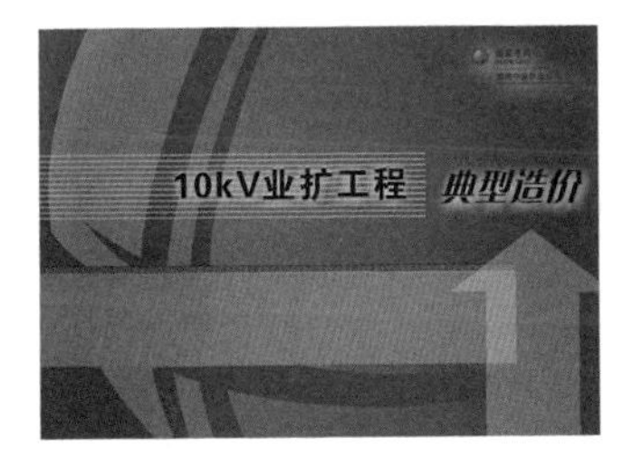

（2）受理客户委托申请时，主动为客户提供服务，接收并查验客户的委托申请资料。查验合格后向客户提供业务委托书，告知负责该工程的客户经理名字及联系电话，便于后续联系。对于资料欠缺或不完整的，服务人员应告知客户可以通过邮寄或线上微信公众号受理的方式补充完善相关资料。

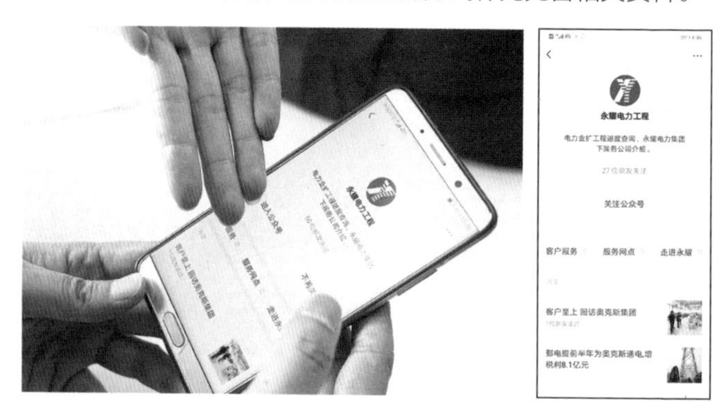

（3）告知客户通过扫码关注电力工程服务中心的微信公众号，并向客户介绍微信公众号上可提供线上咨询、后续流程查询、线上申请及进度跟踪服务。

◉ 注意事项：

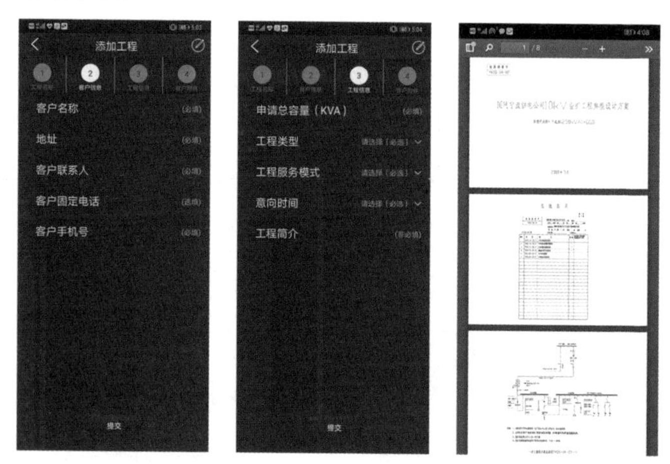

当业务繁忙有较多客户在排队等待时，服务人员应主动向客户推荐营业厅自助移动端进行业务办理，并指导客户完成相应的业务办理操作。

2 线上受理

对线上申请的业务委托，服务人员接收客户信息，通过客户提供的资料对工程进行初步的判断，回访客户了解委托需求，并及时录入电力工程业务管理系统。

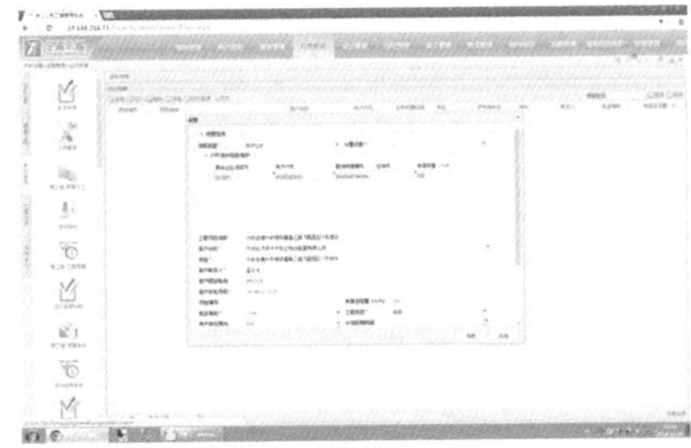

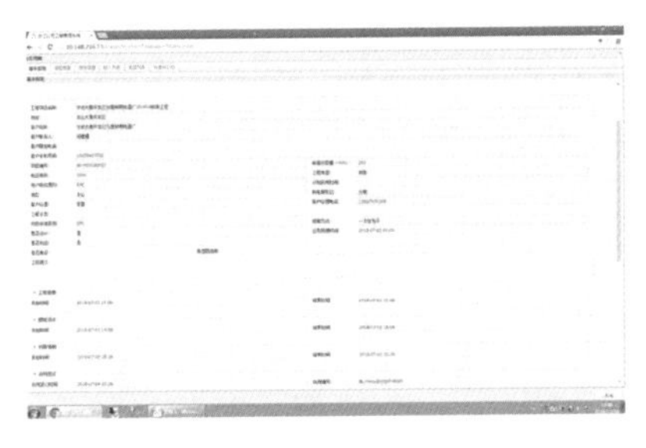

◎ 注意事项：

• 受理客户工程委托后，服务人员应在一小时内电话联系客户，并与客户就线上申请信息进行一一核对，若核实无误当天将相关资料上传工程管理系统，填写规范的户名、户号、查询号（征询号）、容量、客户联系人、联系电话等主要信息，确保所有录入信息及上传资料的完整性和准确性。

• 客户经理在移动终端上接收到客户的线上受理信息后，应在公司规定时间内与客户约定上门服务时间。

3 现场受理

获得客户项目委托时，可通过电力工程服务中心 APP 中的业务承揽功能进行现场业务受理，并向客户推荐电力工程服务中心 APP 中内置的典型设计方案以及基本造价，为客户提供更加周到的工程设计解决方案。

◉ 注意事项：

- 通过其他渠道获取工程建设信息后，客户经理应第一时间上门开展业务洽谈。
- 主动向客户介绍公司业务，推销公司特色业务及产品。

三、现场查勘

1 查勘准备

客户经理组织牵头，根据工程规模、承接模式，与客户做好预约，携带供电方案答复单、施工图（如已设计）、典型设计资料（如客户意向选择典型设计）等资料，偕同相关设计人员及项目经理一同到现场查勘。

2 确认要点

• 商务要点：按照客户意愿和供电方案答复单要求，明确双方的工作职责范围（图纸设计、土建工程、政策处理、配套工程等），确认物资设备的来源。若客户尚未明确典型设计选择意愿的，客户经理应向客户推荐典型设计方案。

• 技术要点：和客户沟通及阐述项目工程量、施工工序、施工工艺、预估工期等相关事项。具体为：了解供电电源接入点；确认配变装、拆位置；确认进户方式、杆线拆装范围；了解客户对主要设备及配套元器件品牌规格要求等。

3 填写表单

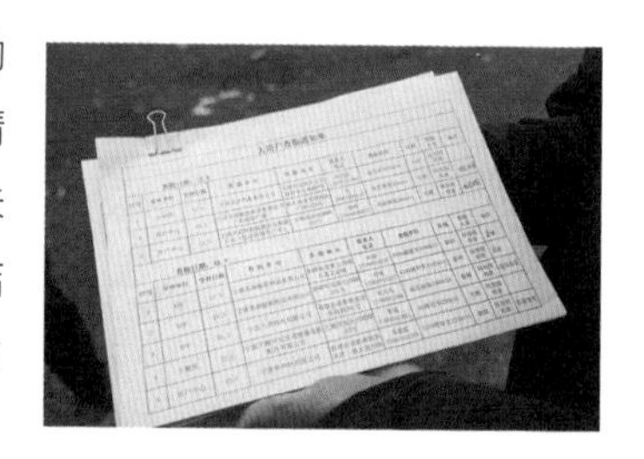

确认完毕后，客户经理填写现场查勘单，应详细写明工程概况、施工所需材料情况等内容后交由客户确认签字带回。如有未尽事宜，可以后续填写后再与客户确认。结束后将查勘结果在2个工作日内上传到电力工程业务管理系统。

4 后续工作

客户经理应了解并持续关注项目上报工程量和设备、主材情况，并督促相关部门协助完成相应进度。涉及客户对于工程施工周期和施工预算的提问，客户经理应按集团和本单位相关文件规定答复。

四、预算编制

针对采用典型设计的非一次性包干项目，技经部门可以直接采用典型设计预算作为项目预算，其他项目按以下方式编制预算。

1 资料接收

技经部门收到审核后的施工图、工程量汇总表、主材和设备清单及报价、设计费用依据等资料进行登记，预算编制人员应对相关资料进行复核，如发现施工图中有标注不清、与工程量清单不符、缺项、漏项等问题，应与相关责任部门沟通落实修改，以减少或避免设计变更及签证。

2 预算编制

预算编制人员确认预算资料复核无误后，按照国家、行业相关规定编制工程项目预算。

◎ 注意事项：

· 10kV 及以下电压等级工程按现行有效的《浙江省市政工程预算定额》《浙江省通用安装工程预算定额》和《浙江省房屋建筑与装饰工程预算定额》执行；费率按现行有效的《浙江省建设工程计价规则》[1] 取费。

· 35kV 及以上电压等级工程按现行有效的《电力建设工程预算定额》执行，费率按现行有效的《电网工程建设预算编制与计算规定》取费。

材料价格：先参照最新期出版的《宁波建设工程造价信息》，后参照《浙江造价信

[1] 本书以浙江省宁波市为例，其他地区可参照各自地区规范要求。

息》计取，若部分供电部门特殊专用材料无相关信息价的，在市场询价的基础上经客户审核，双方友好协商后确定最终价格。

设备价格：为缩短预算编制时限，可以以集团报价、客户提供的价格或以市场询价方式作为预算报价，在合同签订前应以以下方式确定最终设备价格或在合同中约定最终的设备价格确认方式。设备价格的确定有以下四种方式：

- 公司物资部门提供的设备，以双方友好协商一致认可的价格作为最终设备价格。
- 客户指定供应商同时指定价格，客户需出具《用户工程物资采购指定书》，并提交《用户指定审批表》，经集团内部审批通过后，以客户指定价格作为最终设备价格。
- 客户指定供应商而未指定价格，客户需出具《用户工程物资采购指定书》，物资采购部门以招标咨询公司提供的指导价为依据，通过单一来源谈判方式，将和客户指定供应商共同确定的采购价格作为最终设备价格。
- 客户无指定供应商，则以招标方式确定的采购价格作为最终设备价格。

针对特殊环境下所需的二次搬运费：按照双方约定进行计取。

工程量依据：施工图、工程查勘单、设计变更联系单等。

3 预算审批

预算编制完成后需履行内部审批流程，由技经主管负责预算校核，经营部主任负责预算审核，主管经营的副总经理负责预算审批，确认预算造价。技经部门在完成预算审批流程后，将预算书和相关资料整理打包提交工程服务中心并由客户经理联系告知客户。

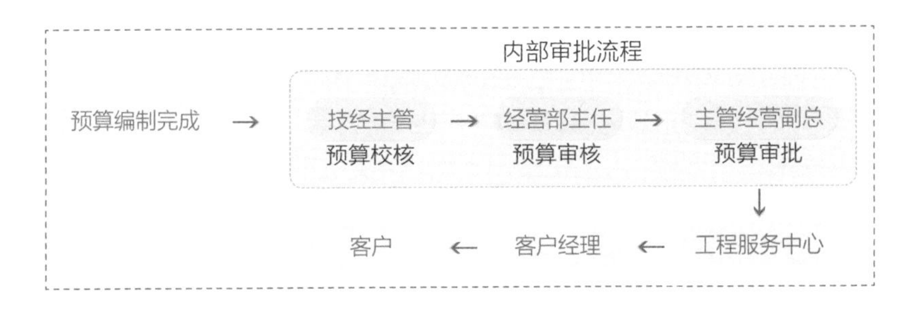

4 预算确认

客户收到预算资料后，如无异议，即确认预算。若客户要求预算审计的，技经人员应积极配合相关审计人员完成预算审计工作，并以双方一致认可的金额作为最终预算。

五、合同签订

1 拟稿准备

经营部在合同拟稿前应根据工程来源收集相关资料。若为中标工程，应根据中标通知书及招标文件内标明的合同模板进行合同拟稿。若为直接委托，则需要技经部门提供的预算书或者客户经理与客户的谈判结果、会议纪要等进行合同拟稿。

2 合同拟稿

应选用符合规定的合同模板，并应重点关注合同条款中合同范围、合同工期、结算方式、合同金额、付款方式、质保方式、分包方式等是否符合相关规定。

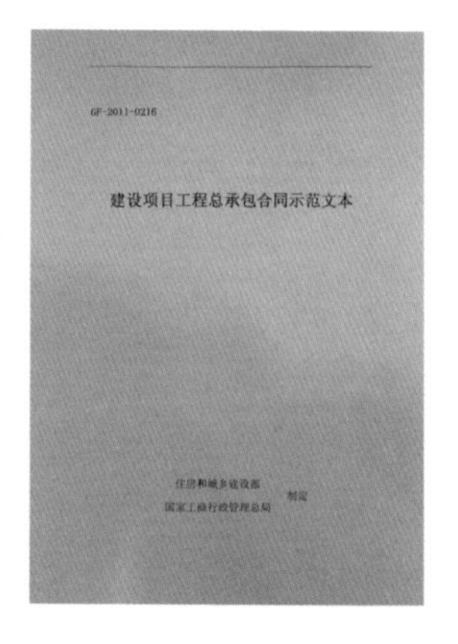
GF-2011-0216

建设项目工程总承包合同示范文本

住房和城乡建设部
国家工商行政管理总局 制定

3 合同审核

根据集团公司的合同管理办法，拟稿完成后的合同由客户经理和经营部主任审核通过后，经甲乙双方确认无误后，再履行内部会签流程。

4 合同签订

由双方的法人代表或授权委托人签字盖章，明确签订日期，合同方可生效。

六、工程收款

1 工程收费原则

客户经理根据合同约定及时通知客户付费，收费人员应按不低于合同约定比例金额收取历次费用，财务人员应按发票开具申请单的金额在收款前（后）及时开具相应发票或收据。

2 工程收费流程

- 收费人员根据每笔费用收入类型（进度或结算）填写相应的发票开具申请单，财务人员按照发票申请单开具相应的预收款收据或增值税发票。
- 客户经理根据客户需求负责票据递送工作。
- 客户经理负责后续项目款项催讨。

3 票据类型

增值税发票分为专用发票和普通发票，增值税专用发票的设计费用、设备购置费用、工程施工费用以及开票税率参照国家现行标准执行。

七、分包管理

1 分包类别确定

分包分为设计分包及施工分包。

设计分包

> 设计专业分包

经建设发包方同意，承包方可将建设工程非主体部分的勘察、设计业务分包给具有相应资质的建设工程勘察、设计单位。建设工程勘察、设计单位不得将所承揽的建设工程勘察、设计再次转包。

> 设计劳务分包（借工）

承包商将其承包工程中的设计劳务作业发包给具有相应资质等级的劳务分包商，并与分包商签订《电力工程设计劳务分包合同》，根据分包单位派驻设计人员的工作时间支付劳务费。

施工分包

> 施工专业分包

施工承包商将其所承包工程中的非主体专业工程发包给具有相应资质等级的专业分包商。

> 施工劳务分包

施工承包商将其承包工程中的劳务作业发包给具有相应资质等级的劳务分包商。但承包商必须自行完成主体工程的施工，除可依法对劳务作业进行劳务分包外，不得对主体工程进行其他形式的施工分包。劳务分包商需具有相应的劳务作业能力，自行完成所分包的任务，不得再次分包。

2 分包商确定

分包队伍可通过**用户指定**和**招投标**两类方式确定。公司制订的分包队伍管理办法，作为分包单位的确定、合同签订和分包结算等后续流程的规范。

用户指定

工程建设中合同甲方（客户）指定特定的分包商履行合同的分包业务。用户指定需履行公司内部审批流程，经审查确定指定分包队伍的资质等。

招投标

公司通过招标方式确定工程建设的分包队伍。

- 电力工程施工中长期有需求的劳务分包和土建等专业分包的，可根据需求阶段性开展一次框架招标，将框架范围内的劳务分包和土建等专业分包给中标单位。另外，可预见的有多次特定类分包需求的，也可组织类似的框架招投标。超出框架范围内的施工工程有分包需求时，应单独组织分包招标。
- 公司经营部分包招标时，应明确招标范围、分包合同模板等。

3 分包合同签订

经营部根据中标通知书、用户指定书、分包招标文件及公司相关规定，负责签订分包合同。分包合同签订时，安全协议、廉政协议应同步签订。

分包合同必须遵循施工承包合同的各项原则，满足施工承包合同中的质量、安全、进度、环保以及其他技术、经济等条款的要求；专业分包合同约定条款应包括（不限于）：

- 分包工程范围。
- 分包商主要人员名单和主要人员变更约束条款。
- 预留安全文明施工和质量保证金。
- 安全文明施工措施补助费及使用计划。
- 施工方案（作业指导书）、标准工艺应用等技术文件清单以及编制审批要求。
- 施工（起重）机械和工器具。
- 配合费的支付。
- 分包工程计价结算方式。

4 分包款支付

（1）根据分包合同约定，经营部及时出具进度款支付单据，财务部门审核通过后支付进度款给分包队伍。

（2）待分包结算造价确认，经营部根据双方认可的审定单及时出具分包结算支付单据，财务部门审核通过后，工作人员根据双方认可的审定单，按照合同约定的支付条款支付分包尾款。

八、工程变更

工程变更，是在工程项目实施过程中，按照合同约定的变更程序，由工程建设方（监理方、设计方、施工方、其他方）根据工程实施需要，针对原定施工图和施工方案中的设备、材料、工艺、功能、功效、尺寸、技术指标、工程量及施工方法等任何方面的改变的统称。

1 变更签证及注意点

工程变更分类

◷ 设计变更：指因设计或非设计原因引起的对初步设计文件或施工图设计文件的改变。因设计原因引起的设计变更，由设计单位出具设计变更单。因非设计原因引起的设计变更，由施工、监理或业主项目部根据情况出具相应的设计变更联系单，交设计单位出具设计变更审批单，经相应审批流程确认。如涉及设备（材料）变更，施工单位还需提供设备变更会议纪要（变更联系单）。

◷ 现场签证：指受电工程实施过程中，除施工图纸、设计变更所确定的工程内容以外，因工程实际需要而必须进行的部分工作及其耗用的工料和其他相应费用的签证，工程部门需提供工程变更签证单（工程联系函），经所属单位相应审批流程确认。

工程变更注意点

◷ 设计变更应由施工单位、监理单位、设计单位、业主项目部、建设管理单位或项目法人单位依次确认签署盖章。

◎ 现场签证应由施工单位、监理单位、业主项目部、建设管理单位或项目法人单位依次确认签署盖章，方可作为工程竣工结算依据和审计（审价）依据。

◎ 除合同条款另有约定外，变更估价参照已标价的工程量清单或预算书的相同（类似）项目单价。但实际变更工程量变化幅度超过 15%或无已标价工程量清单或预算书的相同（类似）项目，双方需另行商定或确定项目单价。

◎ 属于下列情况之一的，应与客户签订增补合同（协议）：合同中未约定的工程变更或工程变更范围超出合同约定的；属合同约定中重大变更的；除合同条款另有约定外，工程变更费用超过原合同金额 15%的（依据集团财务部门的相关规定）。

◎ 属于招投标项目的中标项目，其工程量变更或工程预算变更超过相关招投标法律法规规定的或超过当地政府规定的投资规模招标限额时，其超过部分应重新进行招标。

2 工程变更后的造价处理流程

需确认工程造价变动的变更

设计变更资料由设计部门确认无误（现场签证变更资料由工程部门确认无误）后流转到技经部门→技经部门完成造价变更后返回给电力工程服务中心→电力工程服务中心收到资料后，交给业主方（建设方）签章确认，按相关规定确定是否另行签订增补合同/协议。

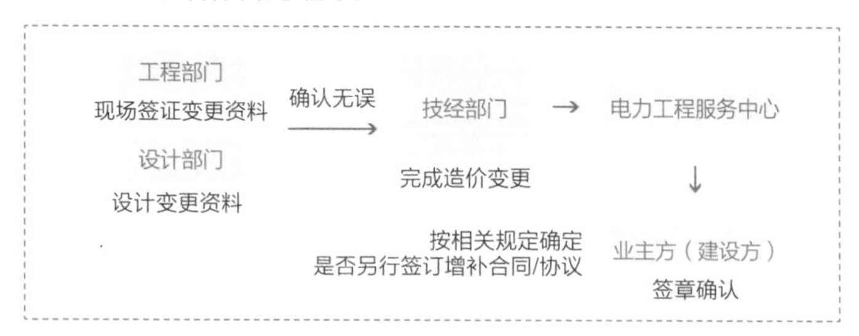

无需确认工程造价变动的变更

一般由工程部门将签证变更资料作为工程竣工资料的组成部分，经部门审核后递交技经部门，作为结算编制依据之一。

九、工程竣工

1 竣工报验

工程竣工后，电力工程服务中心收到施工班组整理的相关报验资料，确认客户已按时履行合同付款义务及工程款项到账已符合合同约定比例后，交由客户经理为客户代办竣工报验手续。竣工报验所需资料以属地供电公司规定为准。

受电工程经三级联合验收后，若验收通过，施工班组根据供电公司的停送电计划配合实施通电；若验收未通过，由客户经理了解情况后协调相关责任方进行工程整改。

2 竣工资料整理并审核

工程整体竣工后，施工班组负责编制、整理、汇总竣工资料，技经部门负责编制竣工结算书，工程部门负责审核竣工资料。在工程竣工后的 5 个工作日内，由工程部门将签字确认后的竣工资料移交到经营部。客户经理负责监督流程进度。若相关部门没有按时完成工作，客户经理应及时介入，协调工作进度。

客户经理
监督流程进度

施工班组 → 技经部门 → 工程部门 → 经营部

施工班组	技经部门	工程部门	经营部
编制、整理、汇总竣工资料	编制竣工结算书	审核竣工资料	

十、项目结算

1 工程结算

竣工资料接收

技经部门收到审核后完整的竣工资料二套，一套交结算编制人员编制工程结算，一套留底归档。结算编制人员应对相关资料进行复核，发现竣工图中标注不清、与工程量清单不符、缺项、漏项等问题，应与相关责任部门沟通落实修改，以保证结算编制的完整性、准确性。

结算编制

结算编制人员确认竣工资料复核无误后，按照国家、行业相关规定编制工程项目结算书，并装订成册。

- 结算编制原则：按照施工合同约定的计价规则编制工程结算书。
- 工程量核算：根据竣工图、工程量统计表、材料清单、工程量签证单（变更联系单）等。

审批及移交

结算编制完成后需履行内部审批流程并确认造价。由技经主管负责结算校核，经营部主任负责结算审核，主管经营的副总经理负责结算审批。

技经部门在完成结算审批流程后，将结算书和相关竣工资料整理打包提交服务中心，并由客户经理移交客户。

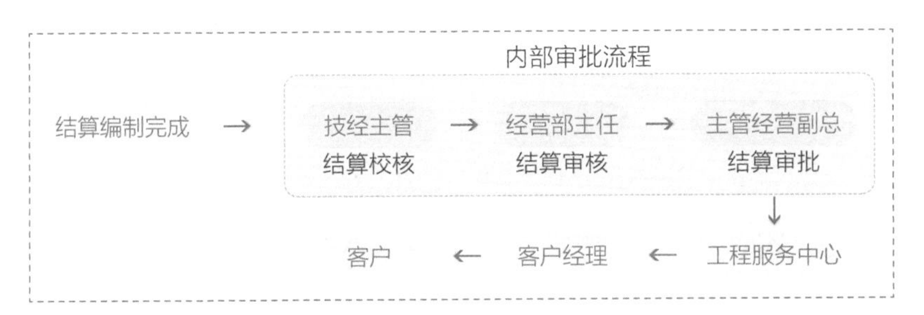

结算确认

客户收到结算资料后，如无异议，即确认结算。若客户要求结算审计的，技经人员应积极配合相关审计人员完成结算审计工作，并以双方一致认可的金额作为最终结算造价。

工程尾款结算

客户经理负责跟踪尾款到账情况，并配合财务部门进行质保金回收工作。

2 分包结算

总包结算完成后可进行分包结算。

分包结算资料接收

技经部门收到工程部门审核完整的分包工程竣工资料、中标通知书（或客户指定书）、分包合同、分包结算书等分包结算资料后，技经人员应对相关资料进行复核，检查是否存在竣工图中标注不清、与工程量清单不符、总分包工程量不符等问题，若发现问题，应与相关责任部门沟通核实修改，以保证分包结算资料的完整性、准确性。

分包结算造价确认

◉ 固定总价的分包

分包合同价即为分包结算造价，若有工程量变更联系单的，联系单的结算造价确认应参照按实结算分包方式。

◉ 按实结算的分包

委托第三方（或由技经人员）按以下原则进行结算审计（审核），分包单位应积极配合相关审计（审核）人员完成结算审计工作，并以双方一致认可的金额作为最终分包结算造价。

◉ 计价原则

参照分包合同约定的计价规则，原则上总、分包计价规则应保持一致。

◉ 工程量核算

根据竣工图、工程量统计表、材料清单、工程量签证单、设计变更联系单等进行测算，原则上总、分包工程量应保持一致。

十一、资料归档

在结算完成后，整套完成的工程项目资料，由经营部门统一整理移交档案管理部门归档。

所需资料（参考目录）

工程委托书（需业主签字盖章）

身份证复印件（法人代表或经办人）

法人委托书

供电方案答复单

设计图纸、说明（有设计变更的需提供变更联系单）

预算书

合同

用户指定书

施工方案

开工报告（需业主签字盖章）

中间验收（土建）记录

电缆敷设记录

竣工图纸

工程施工质量三级验收报告（业主签字盖章）

电气试验报告（变压器、开关、高低压柜）

电气合格证（变压器、开关、高低压柜）

公司仓库材料领用单

废旧物资移交单

工程量增补签证

结算书

十二、绿色通道

1 定义&分类

绿色通道指的是为重要基建工程、抢险救灾工程、农田水利工程、民生工程及国家政策重点扶持项目开通的快捷业务办理渠道。

业务受理绿色通道 + 图纸接收绿色通道 + 合同签订绿色通道 + 工程款预收绿色通道

2 开通流程

客户经理需根据用户实际情况判断属于哪类绿色通道，随后根据不同绿色通道类别文件资料要求，受理提交客户文件资料，经总经理审核批准后开启绿色通道。

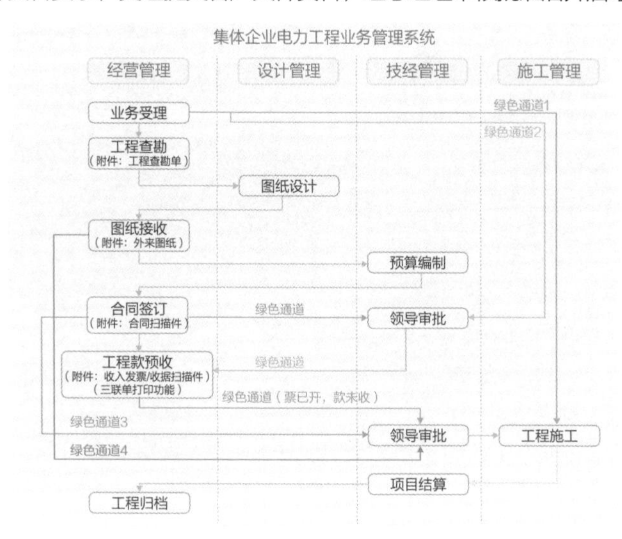

十三、应急管控

1 客户投诉

基本流程

（1）理解对方的心情并道歉，认真倾听真诚道歉的第一印象很重要。

（2）确认投诉的原因和事实，整理收到的意见，确认是否属实，可以适当地向对方提问了解细节，并记录内容。

（3）与上级领导讨论提出解决方案，明确告诉对方“何时”“怎么做”“谁负责”等信息。

（4）再次道歉，并表达谢意。

现场投诉

处理流程：

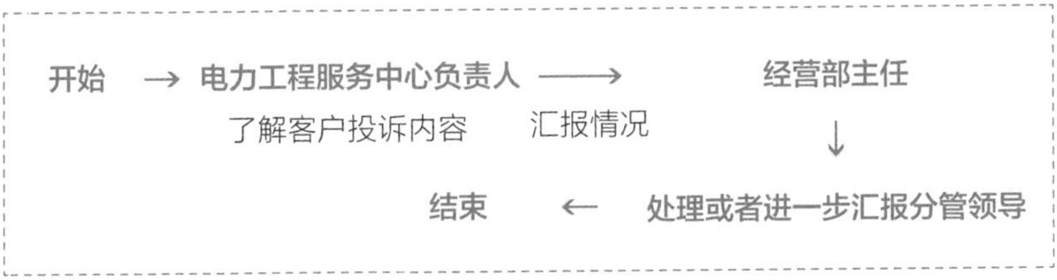

开始 → 电力工程服务中心负责人（了解客户投诉内容）——汇报情况——→ 经营部主任 ↓ 处理或者进一步汇报分管领导 → 结束

◉ 关键点控制：

（1）紧急情况可越级上报。

（2）示例话术：XX 先生/女士，您好！我们已经了解了您的意见，马上联系有关部门处理，请您稍候。（若客户接受）谢谢您的谅解。

95598 投诉

处理流程：

回复

开始 → 办公室（县公司应急指挥中心）了解客户投诉内容 ——→ 汇报情况 相关部门负责人 进行处理

◉ 关键点控制：

（1）如有多层相关部门，可先到营销部门再到电力工程服务中心。

（2）示例话术："感谢您宝贵的建议，我们会反馈给相关部门做出答复。随时欢迎您提出建议改进我们的工作/服务质量。"

微信公众号投诉

处理流程：

◉ 关键点控制：

（1）示例话术："感谢您宝贵的建议，我们会将您的意见上传至相关部门并继续改进工作/服务质量。如有需要，可留下您的联系电话。"

（2）示例话术："您好，这里是 XX 电力工程服务中心 XXX。我们收到了您在微信公众号提出的意见，经过调查了解，现在告知您处理结果。"

2 媒体采访

处理流程：

◉ 关键点控制：

（1）主动接待：责任部门未经上级允许不可单独接受媒体采访，应立即向上级汇报。

（2）“三不”原则：不可以与媒体有任何的冲突；不可以给予媒体任何的肢体或语言暗示；不可以回答媒体任何问题。

（3）汇报上级：上级领导应探明来访者来意，查明事实，及时答复媒体，并判断是否需要有关部门配合接洽。

（4）示例话术：“您好，根据规定我们无法回答您的问题，但您的采访要求，我已经汇报给了相关部门，请您稍候。”对于非本部门的：“您好，根据您的问题，我们建议您联系 XX 部门。”

3 群体事件

处理流程：

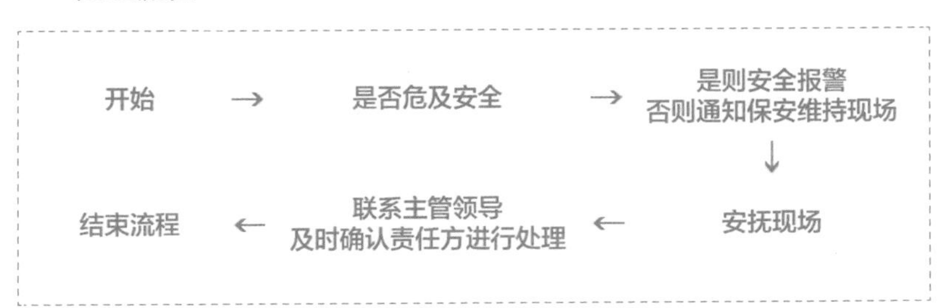

◉ 关键点控制：

（1）安全报警：当发生群体事件时，立即组织相关人员维持现场秩序，迅速分析事件紧急程度，判断是否需要报警。

（2）安抚现场：现场负责人出面安抚现场情绪，及时向上级汇报。

（3）示例话术："不好意思，我们已经了解了您的问题，您可以尝试通过……解决这个问题。有任何我们可以做的，我们一定尽力帮您解决，谢谢您的谅解。"

十四、业务回访

1 回访原则

（1）回访客户采取点、面结合，重点回访的原则。对于新增客户、投诉客户、人大代表、政协委员、新闻媒体等，必须逐户回访；大客户每年回访不少于一次；老客户可做抽样回访，抽样比例不低于10%。

（2）回访方式以电话为主，兼定期走访、回函、座谈会等。新增客户、电话投诉客户可实行电话回访；人大代表、政协委员和新闻媒体、书信投诉等客户采取回函回复。大客户可采取走访或座谈会的形式进行。

（3）回访内容主要包括：营业服务、咨询服务、工程收费、工程设计、工程施工等。以发生业务往来中的实施程序、承诺兑现、服务质量为主，同时了解客户需求、合理化建议和意见，建立和谐沟通渠道。

2 回访管理

（1）以永耀集团为例，客户回访工作的职能管理归属永耀集团市场营销部。各县（市、区）集体企业由各县（市、区）电力工程服务中心服务负责，并每月将结果上报永耀集团市场营销部。

（2）客户回访的实施分工总体上按照“谁受理、谁负责”的原则办理。电话投诉客户、新增客户人大代表、政协委员、新闻媒体、书信投诉等重点客户的函复，大客户走访或座谈工作由各县（市、区）电力工程服务中心负责。

（3）各实施回访单位应建立客户回访档案库，统一客户回访流程、统一分类管理模式、统一统计上报程序、统一考核标准。

（4）客户回访的相关要求：

1）在客户业务受理后，需对工程设计、物资采购、电力工程施工等各环节进行跟踪回访，由各县（市、区）电力工程服务中心负责。

2）大客户工程结束后，必须在 7 个工作日内回访，回访工作由各县（市、区）电力工程服务中心负责。

3）重点客户的复函：对（直接或转接）书信投诉等重点客户有复函要求的，在接到函件后 5 工作日内完成客户复函工作；来函及回函原件单独存档一年。由各县（市、区）供电公司集体企业管理部门负责。

4）大客户走访或座谈：此项工作在每年年底进行，走访和座谈均应有记录。由各县（市、区）供电公司集体企业管理部门负责。

5）老客户回访每年做抽样回访，抽样比例不低于 10%。由各县（市、区）电力工程服务中心负责。

6）原则上采用逐级上报的结果，得到上级反馈意见后，服务人员负责联系相关部门进行处理，并将处理结果及时告知客户。回访意见处理结束后，服务人员应在回访意见单上记录回访结果，并进行统一归档。

3 监督考核

永耀集团市场营销部为宁波地区集体企业客户回访的归口管理部门，负责管控下属各区县集体企业的回访质量以及回访产生投诉率。

各区县主业单位作为永耀集团委托协管单位，也需要协同永耀集团对其下属集体企业的回访质量进行监督管理。

4 客户调查回访表

电力工程服务中心

客户调查回访表

客户单位名称			
被访问者姓名		工程地址	
被访问者职务		联系电话	

请问您是在何处申请用电的?	□微信公众号	□电力工程服务中心	□客户经理上门
您在办理业务过程中来集体企业几次?	□0 次	□1 次	□1 次以上
请问在用电申请过程中，服务人员是否一次性告知过业务流程、收费标准或提供相关材料?	□是	□否	
请问电力工程服务中心是否向您提供过典型设计（10kV）/造价咨询服务?	□是	□否	
贵单位电气工程共计投资多少钱? 您认为工程定价是否合理?	________元	□是	□否
您对工程进度管理和交付的及时性感觉	□非常好	□较好	□差
您是否愿意继续接受本公司提供的服务并向其他单位或个人推荐	□是	□否	
对本公司工程服务质量情况提出您的意见和建议:			

回访人: 回访时间:

第四部分

营销篇

一、营销基础知识

1 定义及重要性

营销的定义

营销是企业以客户需要为出发点，以整体性的经营手段适应和影响需求，为客户提供满意的商品和服务，实现企业目标的过程。

营销的重要性

面对电力市场的市场化转型，展开营销业务是企业由传统业务向多元化市场化模式转型的关键战略部署，是集体企业在新的市场竞争环境下，继续得以生存、得以壮大的必要前提。服务人员作为公司第一线的员工，挖掘客户、培养客户、发现客户需求、维系客户关系等各个环节是实现企业经营目标，让组织及其利益关系人受益的重要活动；是企业发现、创造及实现价值的重要过程；是企业调整航向、调控速度时关键的一环。

2 经典营销模式

经典的营销模式从美国营销学学者杰罗姆 · 麦卡锡在 1960 年《基础营销》提出的 4Ps 营销理论，到美国营销专家罗伯特 · 劳特朋在 1990 年提出的 4Cs 理论，再到如今的 4Rs 营销理论，战略的角度已经发生了重大变化。制订营销战略的角度已经从以企业为中心转到以客户需求为中心。

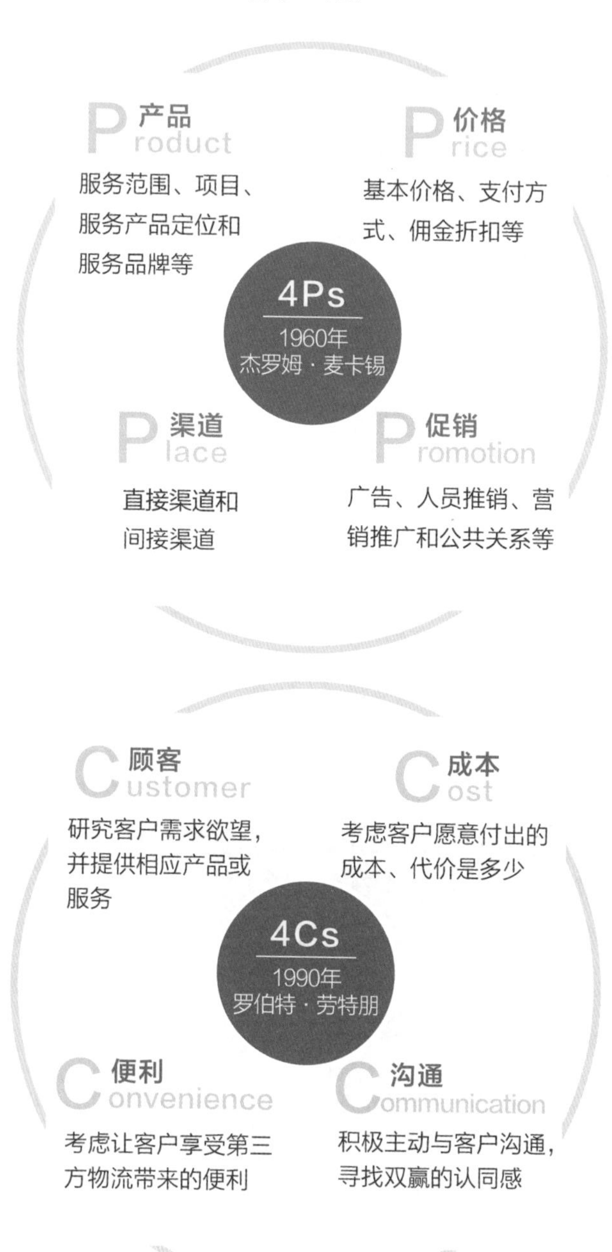

产品
Product
服务范围、项目、服务产品定位和服务品牌等
价格
Price
基本价格、支付方式、佣金折扣等
4Ps
1960年
杰罗姆·麦卡锡
渠道
Place
直接渠道和间接渠道
促销
Promotion
广告、人员推销、营销推广和公共关系等
顾客
Customer
研究客户需求欲望，并提供相应产品或服务
成本
Cost
考虑客户愿意付出的成本、代价是多少
4Cs
1990年
罗伯特·劳特朋
便利
Convenience
考虑让客户享受第三方物流带来的便利
沟通
Communication
积极主动与客户沟通，寻找双赢的认同感

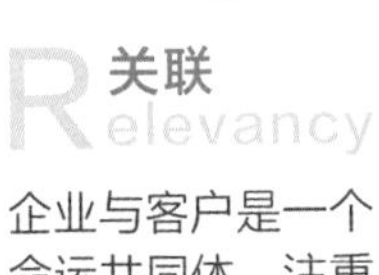

关联 Relevancy

企业与客户是一个命运共同体，注重与客户之间长期关系的建立

反应 Reaction

在意客户的需求，愿意倾听客户的声音，并及时回应客户的反应

4Rs

唐·舒尔茨

关系 Relationship

与客户建立长期而稳固的关系

回报 Reward

在意与客户之间的双边共赢，对回报趋于理性

3 新型营销模式

随着互联网营销的日趋成熟，传统营销方式也发生了巨大改变。随着互联网平台、人工智能技术、新社交媒介的崛起，以企业为主导的单边营销模式正逐步被客户直接参与体验、设计的新型营销模式所取代。

大数据营销

企业以互联网为依托，通过运用大数据、人工智能等先进技术手段，针对客户进行精细化的数据分析，建立客户标签体系形成自动化、智慧化的“营销大脑”，让网络广告在合适的时间，通过合适的载体，以合适的方式投给合适的人，这是一种基于大数据分析的精准营销方式。

场景营销

突破传统的中心化营销传播结构，立足全网域，实现多触点多场景的客户覆盖，拓展营销广度与精度，针对消费者在具体的现实场景中所具有的心理状态或需求进行的营销，从而有效地达到企业的目标，例如宜家、分众传媒、腾讯微信摇一摇、美图秀秀等。场景营销的四大要素分别是：

场景体验

将产品放到构建的线上、线下或融合场景里，为客户创造超越期待的体验，从而建立与客户的情感链接。

空间链接

以客户为中心打造全渠道化，吸引客户进行持续的跨屏迁移与互动，通过线上线下一体化增加客户黏度。

社群传播

内容上需要具备社群文化、亚文化的力量，不再是传统广告，吸引客户在社群内进行大规模传播。

数据算法

通过将大量的线上线下数据进行多维度构建，形成新的 CRM 系统，精准分析客户画像。

4 客户知识

客户定义

客户是指用金钱或某种有价值的物品来换取财产、服务、产品或某种创意的自然人或组织。客户是商业服务或产品的采购者，他们可能是最终的消费者，也可能是代理人或供应链的中间商。客户是一切营销的中心，是营销需求的发起人及营销购买的实现者。

客户类型

按行业分类

公共事业单位客户

该类客户工程量大，工程周期长，流程繁杂，更加注重产品质量及服务品质。

大工业客户

该类客户数量相对较少，但工程量大，对电力工程要求高，讲究经济效益。

一般工商业客户

该类客户数量较多，对电力设施、用电服务要求高，讲究经济实惠。

按客户对于供电可靠性要求分类

极高要求

（1）中断供电将造成人身伤害时。

（2）中断供电将在经济上造成重大损失时。

（3）中断供电将影响重要用电单位的正常工作。如兵工厂、大型钢厂、医院、政府机关等。

较高要求

（1）中断供电将在经济上造成较大损失时。

（2）中断供电将影响较重要用电单位的正常工作。

一般要求

除极高要求及较高要求以外的。

按个性特征分类

九型人格学（Enneagram/Ninehouse）是一个有2500多年历史的古老学问，它按照人们习惯性的思维模式、情绪反应和行为习惯等性格特质，将人的性格分为九种，包括完美主义者、给予者、实干者、悲情浪漫者、观察者、怀疑论者、享乐主义者、保护者、调停者。

在九型人格的基础上，大致可以将客户分为九大类型。

理智型客户

这类客户办事理智，有原则，有规律，工作细心负责，不会因为关系好坏而选择供应商，更不会因为个人感情选择对象。这类客户在选择供应商之前会通过适当的心理考核比较，得出理智的选择。

◉应对方法

对于这类客户不可采用强行公关、送礼、阿谀奉承等关系公关方式；坦诚、直率的交流才是最好、最有效的方式。应该把本公司的能力、特长、产品的优势劣势等直观展现给对方，在实际能力范围内谨慎承诺。

任务型客户

这类客户一般为非股东级，接受上级交代的非其工作职责范围内的任务，对工作效果期望值不高。

◉应对方法

这类客户作为我们的即时性客户，往往只有一次合作机会。因此，要首先在拜访客户时建立良好的印象，其次要主动分析、跟进、说服、给予一定的质量、服务、时间上的承诺。最后，在费用和服务上都不能太优惠。

按个性特征分类

贪婪型客户

这类客户一般在自身公司的关系比较复杂，做事的目的性比较强，擅长压低价格，对质量和服务要求苛刻，但这类客户容易稳定，在双方关系发展到一定程度时很容易把握需求。

◉ 应对方法

对这类客户，在关系上要保持心灵沟通，不可大造声势，给予对方安全感、保密感。另外要在保障质量、价格和服务的同时给予一定的优惠。但是切记不可完全满足其需求，严格按照公司规定委婉拒绝回扣和税收。

主人翁型客户

这类客户大部分是企业老板，或者正直的员工，只在乎追求价格、质量、服务的最佳结合体，尤其关注价格。

◉ 应对方法

服务这类客户要以价格为突破口，用价格赢得好印象。根据客户的认知度定位，通过经常回访，交流和沟通问候经营关系，传递质量信息。只要价格合适、沟通良好，就能长期地服务下去。

抢功型客户

这类客户一般不会是公司有很大权力的大领导，但是有潜力，正处于职业上升期。重点关注质量，价格适当即可。有时候会因为经常自己吃哑巴亏而自己掏钱为公司办事情。

按个性特征分类

◉ 应对方法

对于这类客户一定要站在客户的角度着想，千万不可以伤害其自尊心，在质量上一定要把控好。在日常工作中给予适当力所能及的帮助，在节假日时给予适当的问候，保持一般联系即可。因为这类客户很有可能会发展成为未来的潜力客户。

吝啬型客户

这类客户一般比较小气，不会因为稳定、信任或关系而选择固定供应商。他们会先比较价格，将利润压至零，再要求质量。他们经常会隐瞒事实，夸大自己，甚至用不必要的比价招标等来压价，满足虚伪的吝啬心理。

◉ 应对方法

建议不要在这类客户身上花费太多时间，根据自己的产品特点及企业优势达成一次性交易。这类客户对错误容忍度极低，行事狡猾，不会因为你的良好表现和良好关系就容忍你的一些小错误。因此如果面对不是自己强项和优势的业务，大可不必去参与竞争，因为对自己得不偿失，不是企业发展的重点客户。

刁蛮型客户

这类客户在首次交往中会表现良好，显示自己良好的信誉与实力。他们在价格上不会斤斤计较，在质量上也不会有苛刻要求，而会想方设法设置陷阱，通过一些莫须有的问题干扰视线，在操作出现问题时抓把柄找麻烦。

◉ 应对方法

对这类客户不可马虎，保证所有操作由客户亲自确认签字，严格遵照流程，谨慎承诺，绝对不可以先做事再谈价格。总之对于这样的客户一定要先小人后君子，绝不可麻痹大意。

按个性特征分类

关系型客户

这类客户是由现有朋友关系转化成的业务交往，如果没有把握好度会导致朋友关系与业务关系两败俱伤。这类客户常见于服务行业与社交人脉关系中。

◉ 应对方法

对于这类客户一定要区分帮忙和赚钱生意，不该收钱的千万不能收钱，该收钱的一定要把钱谈好。一切按正规方式操作，小单子可以帮忙做，大单子、需要花费一定成本费用的单子，要么就一切谈好后按正规方式操作，要么就委婉地推掉。千万不可以占小便宜。

综合型客户

这类客户在交往中没有固定性格模式，特定环境下会演变成特定类型客户，社会经验丰富，手段老道，关系网复杂。不容易把握他们的生活轨迹，也很难认清他们的思想活动。

◉ 应对方法

对于这类客户一定要小心处理，针对其很强的可变性，采用以静制动的战略攻势。静观其变，等待把握客户的心态之后再对症下药。

二、营销产品

1 产品构成

传统类产品

设计、设备、施工、咨询。

综合能源产品

分布式光伏服务、电能替代服务、电力运维服务、设备代建及租赁服务、节能减排服务。

2 传统产品

四类产品介绍

图纸设计

· 产品简介：图纸设计含线路设计、变电设计、土建设计等，根据供电方案答复单及客户的要求，结合安全、可靠、优质、经济等要求设计图纸，为后续的配电房建造、政策处理、设备选型、工程施工提供依据。针对不同电压等级的业扩工程，有多种典型性设计方案以套餐化的形式可供选择。

图纸设计

• 产品特征：图纸设计为工程设计的一个阶段。这一阶段主要通过图纸，把设计者的意图和全部设计结果表达出来。作为施工制作的依据，图纸设计是设计和施工工作的桥梁。对于工业项目来说包括建设项目各分部工程的详图和零部件、结构件明细表等。其中典型设计具有统一建设标准、统一设备规范；方便运行维护，方便设备招标；提高工作效率，降低建设和运行成本；发挥规模优势，提高整体效益的作用。

• 目标客户：有与电力相关施工需求的客户。

设备

• 产品简介：囊括了一系列与电力相关的施工工程所需的设备，包括箱式变电站、变压器、配电柜、母线槽、电缆分支箱、电缆等。根据设计文件进行设备的配置。

• 产品特征：参考以下的产品细分介绍。

• 目标客户：有与电力相关施工需求的客户。

施工

• 产品简介：施工包括电力设备安装、土建排管施工、铁塔及基础组装、架空线路架设及电气设备维修、试验等。

• 设备安装：变压器及电力成套设备就位、连接、调试，电缆及其他辅材的安装调试。

• 土建排管：排管开挖、顶管敷设、电缆井制作。

• 铁塔及基础组装。

• 架空线路架设：电杆组立，杆上设备安装，横担、金具、绝缘子安装，导线和避雷线架设，拉线及接地装置等安装。

• 产品特征：参考以下的产品细分介绍。

• 目标客户：有与电力相关施工需求的客户。

咨询

• 产品简介：工程咨询是指遵循独立、科学、公正的原则，运用工程技术、科学技术、经济管理和法律法规等多学科方面的知识和经验，为政府部门、项目业主及其他各类客户的工程建设项目决策和管理提供咨询活动的智力服务，包括前期立项阶段咨询、勘察设计阶段咨询、施工阶段咨询、投产或交付使用后的评价等工作。

具体产品有区域配电网专项规划、接入系统可研、项目可行性研究报告。

• 产品特征：具有较强的专业优势；产品与电力主网能无缝对接；为用户在项目上提供技术、投资方面的指导性意见。

• 目标客户：预装 35kV 变电站用户，政府新建开发区、旧城区改造需要进行配电网专项规划用户，电力部门辖区内有进行配电网项目可行性研究编制需求的用户。

产品细分介绍

设计

> 典型设计图

设计标准化、设备套餐化、价格透明化、出图高效化。

> 非典型设计图

个性化、灵活化、定制化。

变压器

> 油浸式变压器

环境适应性强、成套占地面积较大，需要独立配电房，运行维护方便，费用较低。

变压器

> 干式变压器

安全可靠性较高，成套占地面积较小，不需要独立配电房，费用较高。

成套箱式变电站

> YBM-12/0.4 高、低压预装式变电站

是将高压电气设备、变压器、低压电器设备等组合成紧凑型成套配电装置，该产品具有成套性强、体积小、结构紧凑、运行安全可靠、维护方便以及可移动等特点。用于城市高层建筑、城乡建筑、豪华别墅、广场公园、居民小区、高新技术开发区、中小型工厂、矿山油田以及临时施工用电等场所。

高压开关柜

> KYN28A-12 型交流金属封闭开关柜

该产品具有防止误操作的措施，包括防止带负荷移动手车、防止接地开关处在闭合位置时合断路器、防止带电时误合接地开关和防止误入带电隔室等功能。用于电力工业或其他工矿企业、公用事业、高层建筑、发电厂、变电站、配电站中做受电、配电、送电之用。

> XGN66-12 型固定式封闭开关柜

该产品具有体积小，可靠性高，性能好，联锁机构可靠、简单等优点，作为接受和分配电能之用，并具有对电路进行控制、保护和监测等功能。可使用在各类型发电厂、变电站及工矿企业、高层建筑等场所，也可与环网柜组合应用于开闭所中。

> XGN 口-12 型交流高压金属封闭开关柜

适用于城市建设中的公用配电、住宅小区、高层建筑、公园、学校等场所作为电能接受和分配之用，也适用于环网供电和终端配电。

低压配电柜

> GCS 型抽出式低压配电柜

该产品各功能室相互隔离，其隔室分为功能单元室、母线室、电缆室，各单元的作用相对独立。可靠性高，功能单元之间、隔离室之间的分隔清晰、可靠，不因某一单元的故障而影响其他单元的工作，使故障隔离在最小范围。适用于发电厂、石油、化工、冶金、纺织、高层建筑等行业，在大型发电厂、石化系统等自动化程度要求高的场所，还能满足计算机接口的特殊需要。

> GGD 型交流低压配电柜

根据能源主管部门和广大电力用户、设计部门的要求，本着安全、经济、合理、可靠的原则设计的新型低压配电柜，产品设计先进、结构新颖、防护等级高、容量大、分断能力强、动热稳定性好、电气方案适用性广、组合方便，并具有系列、适用性强等优点。

电缆分支箱

> DFW8-12 型系列电缆分支箱

该产品具有巧妙的左右进出线布置、最小的结构设计、最强的电缆配置功能，既保留了传统分接箱的优点，又具有环网柜的部分优点。广泛应用于城市配网、工矿企业等场合，用于 10kV 电力电缆的连接和分接。

> GWF 型低压电缆分支箱

该产品占地面积小，易于同周边环境配套，特别适用于户外高污秽、高热高寒及沿海潮湿等恶劣环境，提高供电可靠性。广泛适用于城市工业园区、住宅小区、商业中心、城乡电网改造等户外场所。

母线槽

> CMC\FMC 系列母线槽

该产品作为大电流的输电，电力变压器与低压配电屏以及重型负载的连接，具有系列配套、商品性生产、体积小、容量大、设计施工周期短、装拆方便、不会燃烧、安全可靠、使用寿命长等特点。主要应用于现代化的车间、汽车制造厂、电机制造业的电焊线、工业用电炉、厂房和高层建筑等场所。

施工

> 电力设施安装、土建排管施工、铁塔及基础组装、架空线路架设

具有更强的专业性和内、外部资源整合能力，同样的价格能够得到更多、更好的服务和更快的速度。

咨询

> 区域配电网专项规划、接入系统可研、项目可行性研究报告

具有较强的专业优势，产品与电力主网能无缝对接，为客户在项目上提供技术、投资方面的指导性意见。

3 综合能源产品

分布式能源服务

- **光伏项目**

针对客户的清洁用能需求，全流程把控项目各环节，提供专业化、个性化建设方案。

• 公共建筑屋顶建站服务

• 家庭屋顶建站服务

• 工商业屋顶建站服务

• 大型地面光伏建站服务

• **风电项目**

分析客户的地理位置和气候条件，精准选择建设位置，为客户提供针对性风电建设方案。

• 风电并网消纳解决方案。

• 智能风机解决方案。

• **储能项目**

通过调频辅助、调峰辅助、分布式能源应用等技术，实现不同能源的储能，降低客户用电成本。

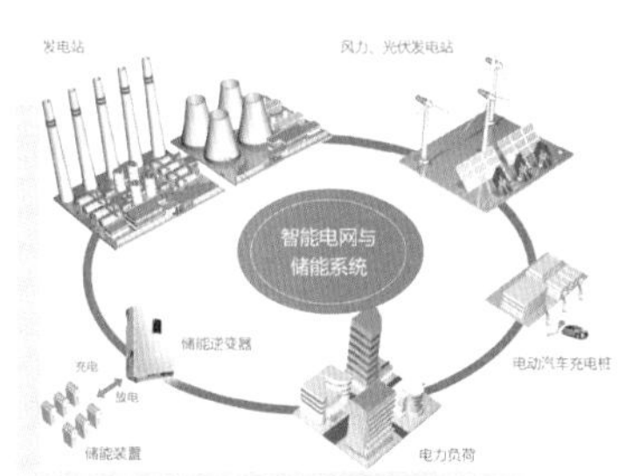

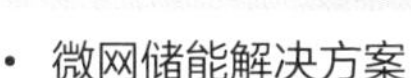

- 微网储能解决方案

- 用户侧用电负荷调峰解决方案

- 微网项目

通过将用户的发电机、储能装备、蓄热设备等进行智能连接，打造微网运营管理平台，为客户提供单一可控的智能微电网系统。

- “智能微网+智能家居”解决方案。
- “智能微网+工业”解决方案。

电能替代服务

- 新能源汽车充电服务

提供永易充 APP 及桩博士网站平台，让客户可以随时随地查询身边的充电设施。

- 公交场站解决方案。
- 公共停车站解决方案。
- 智能小区解决方案。

- **蓄冷项目**

针对不同场景下的用冷需求特点以及客户对用冷时段、冷量负荷的需要，提供高性价比的蓄冷方案。

- 机场、工厂等大型需冷场景解决方案。
- 区域供冷站解决方案。
- 数据中心、图书馆等特殊场景供冷解决方案。

- **蓄热项目**

针对有低谷电价的建筑单位，提供“智能化”电蓄热服务。综合考虑客户采暖的多种影响因素，精准定位客户需求，制订蓄热解决方案，自动调节设备储热和放热，同时对设备进行定期运维维护，确保客户以最低的成本获得最清洁、舒适的采暖服务。

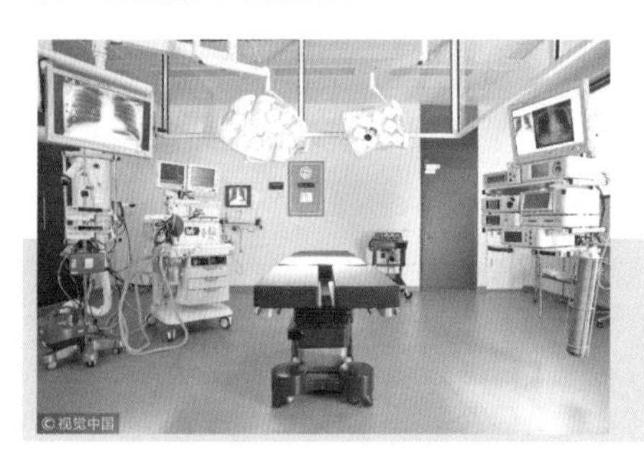

- 医院用热解决方案。
- 小区用热解决方案。

- **热泵项目**

提供一体化热泵技术综合解决方案，根据客户的行业及地理资源特点，设计空气源热泵或地源热泵解决方案，提供稳定的用热、供热服务，替代原燃气锅炉等供热带来的安全隐患，安全经济高效，实现自身“余热”的高效、循环利用。

- 工厂热泵应用解决方案。
- 酒店热水系统解决方案。
- 社区冬季采暖解决方案。

电力运维服务

- 线路及通信巡检

通过定期巡检来掌握线路的运行状态、环境变化，及时消除潜在的安全隐患，预防事故。

- 定期开展架空线路通道巡视服务。

- 定期开展电缆通道、电缆管沟、隧道内部巡视服务。
- 定期开展电缆湿度检测服务。
- 定期开展通信巡检服务。
- 定期开展电缆终端头、电缆中间接头、电缆线体本体、电缆分支箱巡视服务。

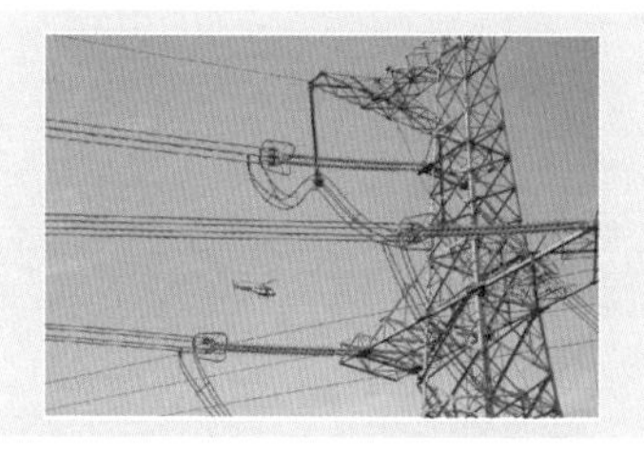

- 变配电站值守运行

专业的变电值守团队为客户提供 7×24 小时变电运行托管服务，确保用电安全。

- 审核变电站施工操作工作票。
- 定期数据采集，定期设备巡查，异常报告。
- 提交月度、年度运行分析报告。
- 站内地面和设备清洁。
- 停送电倒闸操作。

- 预防性试验与保护定校

对变电站、高压线路等设备进行年度防御性试验并制订对应的保护定校方案，定期检测保护定值，进行及时预防与处理。

- 预防性试验服务和保护定校服务

- 出具预防性试验报告和保护定校报告

- 故障抢修服务

针对各级危险源和各类可能出现的电力事故提供应急设置预案，并第一时间协助客户解决问题。

- 特殊自然灾害预案。
- 常规设备故障预案。

- 电力运维培训

针对线路、变电站、配电室等进行系统性的技能考评、就地远方操作、故障模拟处理、事故演练等，让学员全面系统了解和掌握变电设备运行中的各类操作。

- 标准变电站运行、维护、事故抢修。
- 变电设备自助化基础。
- 变电设备自助化现场安装调试与缺陷处理。
- 配电自助化基础。
- 配电自助化现场安装调试与缺陷处理。
- 架空线路巡视抢修。
- 电缆巡视检修。

设备代建及租赁服务

- 设备代建服务

集“筹建、设计、设备采购、施工、调试、交付和管理”于一体，解决电力设备建设过程中“建设标准不统一、建设不能统一规划”等问题。同时，为客户提供多种设备租赁方案，协助客户降低设备建设成本，减轻用户资金链压力。

- 大型园区电力设备代建及租赁解决方案。
- 一般企业电力设备代建及租赁解决方案。

- **设备租赁服务**

从专业角度推荐最具性价比的租赁设备，减少用户被动购置设备及资金投入。

- 楼盘建筑电力设备租赁解决方案。
- 大型活动电力设备租赁解决方案。
- 工业园区电力设备租赁解决方案。

节能减排服务

- **余气余热余压项目**

回收生产环节中分散的余热余压，提升回收利用质量，实现节能减排及改善生产环境。

- 钢铁行业余热余压利用解决方案。
- 化工行业余热余压利用解决方案。

- **能效评估服务**

调研用户的生产和用能特点，帮助客户了解自身用能情况，出具效能评估报告。

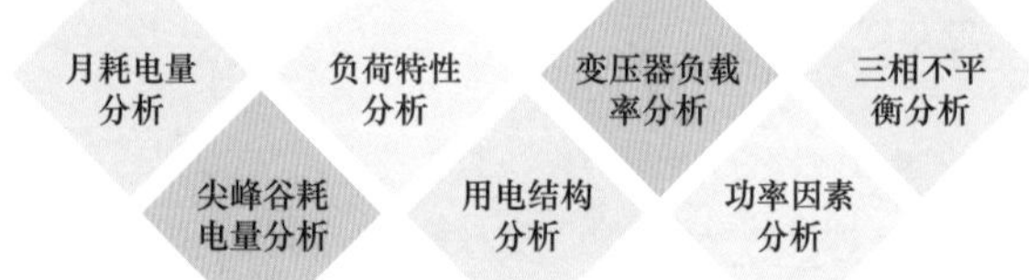

- **节能改造服务**

运用数据分析技术，提供变压器节能改造、供配电系统节能改造等节能改造服务，降低运营成本。

- 变压器节能改造服务。
- 供配电系统节能改造服务。
- 照明设备节能改造服务。

三、营销技巧

1 信任建立技巧

与客户建立信任是成功营销的前提。服务人员应选准时机，主动开口询问客户需求，在最短的时间内与客户建立起信任关系。

与客户建立信任的四个关键步骤：良好的第一印象、共同的交流话题、清楚的意图说明、专业的解答能力。

共同的交流话题

- 寒暄语和套近乎。
- 引导述说，认真倾听。
- 引起话题，诱发兴趣。

清楚的意图说明

- 一分钟内说清楚交流的目的。
- 快速介绍产品。
- 说清楚产品适合客户的理由。

良好的第一印象

- 专业的职业形象。
- 规范的服务礼仪。
- 真诚友好的微笑。
- 自信稳重的语调。

专业的解答能力

- 专业的产品知识。
- 专业的服务方式。
- 专业的疑难解答。
- 专业的方案推荐。

建立信任四步骤

2 应对客户技巧

参考九型人格划分，面对不同人格的客户应采取不同的应对技巧。

应对爱慕虚荣的客户，尽量维护他的面子

虚荣心体现在消费中，就是“不买对的，只选贵的”。同一牌子的，就选贵的、最好的；不同牌子同一价位的，选择牌子响亮的。这样的心理促使人们在消费时追求一种优越感，这种优越感在很大程度上是签单的直接动力。对于这样的客户，服务人员要善于对其积极引导，可以向其推荐一些比较高档的产品，多对客户进行恭维。说话时要顺着客户的意愿走，不要自作主张给其介绍廉价产品，需要巧妙维护客户心中的“最好”。

应对喜欢争论的客户，避免直接争论和冲突

喜欢争论的客户专门爱跟别人争来论去地斗嘴，不论对什么事都爱批评几句。面对这样的客户，需要提出权威证明，同时对客户的观点表示理解，另一方面设法改变话题，从其他方面再跟他谈下去。在销售过程中，与客户出现意见分歧是很正常的事。服务人员要注意的是以下几个方面：

- 保持尊重，避免指责，保全客户面子。
- 多用建议，少用指导，用“我觉得”“我想”等来提醒客户。
- 肯定客户，抬高客户，为客户赢“面子”留下好印象。

应对犹豫不决的客户，有效引导消除疑虑

客户之所以会拿不定主意、左右权衡，通常是因为对产品有疑虑、不放心，或者是因为产品只满足了他的部分需求。这时候服务人员需要切实找到客户的疑虑所在，不要为了急于获得销售成功而一味地鼓动客户购买，而是要运用一定的技巧，让客户在不知不觉中弱化或者消除疑虑，增强购买欲望。

- 找出客户犹豫不决的原因。
- 提供可行性方案，尽量挽留客户。

- 让客户对产品加深了解。
- 激起客户的购买热情。

应对固执的客户，要把他放到主人位置选择

固执的客户爱钻牛角尖、认死理，总会保持自己的固有观点，很难被说服。服务人员可以把客人放到主人的位置上，让客户自己来评判和选择产品。引导客户，让客户说出自己的想法，并按照客户的想法来推荐产品，避开矛盾点，强调独有的优势。

- 寻找客户固执的原因。
- 用事实与客户对话。
- 给予客户一定的肯定。

应对沉默寡言的客户，要用真诚打动客户的心

内向型客户少言寡语，表面上表现得比较冷淡，内心会有防御，会有自己的想法。但内向型客户的依赖心比较强，对信任的人会毫无保留地说出自己的想法。因此服务人员需要放低姿态，用自己的真诚服务打动客户，说话要有理有据，让客户信服。另外，服务人员要善于观察和分析，准确把握客户的心理，并适当地进行引导，让客户说出自己的想法。

- 善于察言观色，说话要有理有据。
- 做事需要谨慎注意细节。
- 用选择性提问引导客户说出自己的想法。

应对外向型的客户，要摸清客户意愿顺势而谈

面向外向型、不拘小节的客户，服务人员说话要干脆利落，在回答客户的问题时也要清楚准确，使彼此之间产生志趣相投的感觉，从而拉近彼此的距离。同时，外向型客户容易对同一个话题失去兴趣，因此服务人员要摸清客户的兴趣和意愿，顺着客户的话题，展示真诚，活跃气氛，再巧妙引入到自己的话题中。

- 适当引导谈话主题，掌握谈话主导权。
- 善于倾听客户话语中有价值的语言。
- 善于从客户的语言中捕捉信息并制造销售机会。

3 需求挖掘技巧

客户需求分析

- **马斯洛需求**

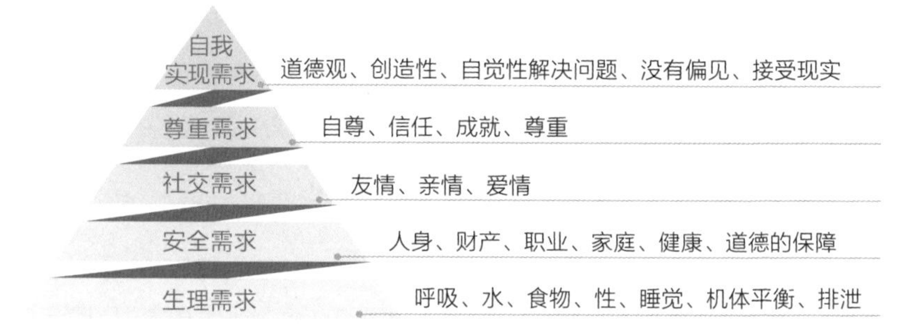

- **三层次需求论**

在马斯洛需求层次论基础上，客户需求类型可进一步分为表面需求、内在需求和潜在需求三个层次。

表面需求　内在需求　潜在需求　由外及内

➢ **客户的表面需求：**这类需求一般通过客户明显的举止或行为、话语描述或询问等方式表达出来。来到中心或上门拜访的客户一般都带着明显的业务办理需求，例如委托工程施工、进行讨价还价希望费用减免等。

➢ **客户的内在需求：**这类需求一般不会表现出来，需要服务人员通过客户的表面需求，结合客户类型和特点，进一步联想与推测，例如客户注重用电安全，服务人员可以向其推荐更高安全系数的产品等。

➢ **客户的潜在需求：**该类需求又叫关联性需求，是比内在需求更深层次的客户需求，需要服务人员根据客户的内在需求进一步挖掘，例如客户关注用电安全，除了可以推荐更高安全级别的产品以外，还可以向其推荐电力运维方案等。

SPIN 营销法

客户需求是营销存在的前提，只有清楚不同客户的不同需求，设身处地为客户着想，才能实现产品的精准营销。

SPIN 营销法是有效的客户需求挖掘法，该方法是在 IBM 和 Xerox 等公司的赞助下，由尼尔·雷克汉姆（Neil Rackham）先生带领研究团队，通过对众多高新技术营销高手的跟踪调查提炼完成。

SPIN 即情景性（Situation）问题、探究性（Problem）问题、暗示性（Implication）问题、解决性（Need-Payoff）问题四个英语词组的首位字母合成词，因此 SPIN 营销法就是指在营销过程中职业地运用实情探询、问题诊断、启发引导和需求认同四大类提问技巧来发掘、明确和引导客户需求与期望，从而不断地推进营销过程，为营销成功创造条件的方法。

Situation
情景性
了解客户现状、背景的发问

Problem
探究性
针对客户对现状的困难及不满提出问题

Implication
暗示性
有关客户对于问题所可能衍生的后果、印象及连带效应提出的问题

Need-Payoff
解决性
让客户自我回馈出明确性的需求，并确认未来价值对客户的重要性

S P I N

情景性问题

◎ 目的：

搜集客户信息；设定与客户的对话方向；找寻进一步提问的机会。

◎ 示例话术：

客户经理事前了解到客户顾总最近销售情况："顾总，您的服装工厂最近销售很火爆，是否需要考虑增容？"

探究性问题

◎ 目的：

发掘客户的隐藏性需求；引发客户正视困难的存在；展现对客户问题的了解。

◎ 示例话术：

目前客户需要的是 315 容量，选择了美式箱变，客户经理与客户沟通：

"您以后会不会考虑扩大生产？"

"嗯，估计两年后会增加一倍的容量。"

"那这样的话我建议您使用欧式箱变，因为欧式箱变可以增容或减容，更符合您后期的用电需求。"

暗示性问题

◎ 目的：

加深问题对客户造成的困扰；营造对客户问题的关切氛围。

◎ 示例话术：

"考虑到您这边是炼钢厂，对用电可靠性要求很高，如果一旦停电对您的生产线会造成不可挽回的损失，您有没有考虑过选择双电源供电，这样用电可靠性更高。"

解决性问题

◎ 目的：

将客户的隐藏性需求转为明确性需求；让客户做出自我承诺；将客户的负面痛苦转为正面希望。

◎ 示例话术：

“前段时间，有个客户跟您这边的用电需求很相似，没有考虑我们提供的建议，采用以前的设备，现在设备老化导致出现了突发性停电，生产线被迫停止。所以针对您的新建厂房，我们建议您使用新设备，保证用电安全。”

4 产品推荐技巧

FABE 产品推荐法

FABE 模式是由美国奥克拉荷大学企业管理博士、中国台湾中兴大学商学院院长郭昆漠总结出来的。FABE 推销法是非常典型的利益推销法，而且是非常具体、具有高度、可操作性很强的利益推销法。它通过四个关键环节，极为巧妙地处理好了客户关心的问题，从而顺利地实现产品的销售。

F Features

找出客户最感兴趣的各种特征，以及它是如何用来满足客户的各种需要。

→是什么？

A Advantages

分析这一特征所产生的优点，即（F）所列的产品特性究竟发挥了什么功能。向客户证明购买的理由；同类产品相比较，列出比较优势。

→怎么样？

B Benefits

找出这一优点能够带给客户的利益，即（A）产品的优势带给客户的好处。通过强调客户得到的利益、好处，激发客户的购买欲望。

→能为客户带来什么？

E Evidence

提出证据，证实该产品确能给客户带来这些利益。证据需具有足够的客观性、权威性、可靠性和可见证性。

→为什么相信？

FABE 推荐法延伸七问及对应策略

当服务人员向客户进行产品推荐时，客户可能会产生下表所列的七大类心理活动，服务人员需要提供针对性的服务策略。

客户心理活动：你是谁？

◉ 对应策略：向客户进行自我介绍。

首先要准备好着装，用良好的形象取得客户的信任，并向客户做自我介绍，介绍所属单位。

客户心理活动：你想对我说什么？

◉ 对应策略：用赞美或幽默的语言拉近距离打消防卫，并快速向客户说明意图。

通过赞美或幽默的语言打消客户的防卫心理，注意要适度，根据不同类型的客户表达不同的内容，传达诚恳的态度，然后再快速地向客户说明意图，提出需求。

客户心理活动：你说的对我有什么好处？

◉ 对应策略：向客户强调产品独特优势及价值。

服务人员不妨多站在客户的角度想一想：客户最关心产品哪方面的功能，最希望提供什么样的服务，最想解决的是什么问题……同时也要多了解同行业的产品和服务，了解公司产品和服务的优势及价值。

客户心理活动：如何证明你说的好处？

◉ 对应策略：理性分析，向客户提供权威证明。

服务人员要站在客户的角度理性分析，用权威的证明、用依据为客户提供解决方案，打消客户的疑虑。

客户心理活动：我为什么要向你购买？

◉ 对应策略：通过对比以及专业的介绍强化客户对产品的信任度。

首先每个客户都希望服务人员能够提供产品的相关信息以便于他们更全面地了解产品的特点和作用，因此服务人员首先需要充分了解自己的产品和服务，对比其他产品为客户提供合适的产品或服务。同时，服务人员可以通过观察和沟通，找准客户心里真正的障碍点，了解客户还有哪些顾虑，向客户提出解决方案和保障服务。

客户心理活动：我为什么要现在向你购买？

◉ 对应策略：强化产品能给客户带来利益，欲擒故纵吊足客户的胃口，也可以做出适当让步让客户忍不住购买。

准确把握客户的意向，确定客户对产品或服务有浓厚兴趣且有意向时可以通过欲擒故纵的方法吊足客户胃口，强调产品可以给客户带来的利益，吸引客户。另一方面，也可以根据客户的特点，做出适当的让步，让客户有“占便宜”的收获感，但也别让利过于爽快，引起客户的怀疑，还可以通过赠送服务等其他方式促成交易。

客户心理活动：购买后有什么保障？

◉ 对应策略：说出其他案例或提供产品的售后服务、寄送服务等其他增值服务，打消客户疑虑。

可以介绍其他与客户同类型的使用案例，也可以根据客户的需求为客户提供产品的增值服务打消客户的疑虑。在沟通时，还可以适当地说出产品的不足，“我们产品虽然定价没有很低，但我们的服务团队很强大……”让客户打消疑虑，增强信任。

不同消费诉求产品推荐策略

服务人员可针对客户不同的消费心理和消费诉求点，采取不同的产品推荐策略，如下表所示。

消费心理	关键词	诉求点	推荐策略示例
追求品牌	文化	• 品牌消费心理 • 产品文化诉求	强调客户对生活态度的追求，对产品极致点的高度要求，例如“安全运维解决方案”
	身份	• 注重第一 • 注重品牌效应	强调“是区域内最大的电力施工企业”“我们拥有最强的施工力量”“我们有最优的售后服务体验”
信任	从众	• 感性原因 • 理性原因	• 案例分享——感性手段。“市内很多工厂都选择我们公司”“XX 房产商在本地的楼盘也选用了我们的产品。” • 数据说服——理性手段。“X%的企业反映体验效果特别好，为全球 XX（数量）企业提供过产品或服务。”
	权威	机构认证的权威性	3C 认证、ISO 质量认证、承装（修、试）电力设施许可证、电力施工总承包资质、建筑工程施工总承包资质等
	先进	行业领先	地区同行业内的市场占有率第一、产值最高、业务覆盖率最广、在职员工数量最多、注册资本最多

不同类型电力客户产品推荐重点

服务人员可根据不同类型电力客户的需求特点，有侧重地、有针对性地向客户进行产品推荐，如下表所示。

不同类型客户产品推荐重点

类 别	基本需求	营销侧重点示例
公共事业单位客户	• 注重用电安全性、可靠性、经济性。 • 对服务响应速度要求高，对产品质量要求高，特别注重供电的稳定性。 • 对安全用电服务方案、产品有较大的要求	• 线路及设备巡检服务。 • 变电站值守运行服务。 • 故障抢修服务
大工业客户	• 注重用电经济成本和用电安全性。 • 对提高生产效率、节省生产成本的产品感兴趣	• 线路及设备巡检服务。 • 故障抢修服务。 • 工厂热泵应用解决方案。 • 酒店热水系统解决方案。 • 余热余压利用解决方案
一般工商业客户	• 注重用电的安全性、可靠性、稳定性。 • 对产品和服务的质量要求较高，讲究经济实惠	• 设备代建及租赁服务。 • 节能改造服务。 • 故障抢修服务

产品推荐语言表达技巧

◉ 数据强调法

一般来说，当人们面对翔实、具体、权威的数据时，会不由自主地对其产生一种信任感。因为用数字说话，既显得专业，又能给以最基本的信任感。服务人员在产品推荐过程使用数据强调法列举具体的数据，准确客观地表达产品或服务的实际使用情况，可以让客户更加信服。例如服务人员向客户推荐 XXX

方案时，具体说明1个月省了多少成本、附近区域有百分之多少的客户已经在使用这个方案等。

◉ 故事讲述法

通过故事来介绍产品，是说服客户的好方法之一，成为许多行销大师达到成功的利器。在讲故事时，服务人员需要注意几点：① 需要根据客户的身份、地位、购买目的、产品不同以及结合当时的场合和气氛等，选择合适的故事进行产品销售。② 故事需要具体的细节，让客户可以有画面感，感受到产品的使用场景。③ 场景需要符合真实生活，而且针对不同的客户需要进行灵活的改编。通过生动的故事讲述让客户在脑海里构筑出产品的使用场景，从而给客户留下深刻的印象，吸引购买。

◉ 自揭其短法

没有产品是完美无瑕的，也没有客户会相信产品会是完美无瑕的，要么价格不合适，要么存在其他问题。对此，服务人员需要巧妙地自揭其短，告诉客户一些产品的真相和不足，以赢得客户的信赖。需要记住的是，需要明确客户真正想要得到的是什么，巧妙地展示产品的不足，打消客户的疑虑，赢得客户的信任才是最终目的。

◉ 案例列举法

举例说明问题，可以使观点更易为客户接受。人们在研究中发现，用10倍的事实来证实一个道理要比用10倍的道理去论述一件事情更能吸引人。显而易见，生动的带有一定趣味的例证，更易说服客户。例如在推荐XX产品/服务时，可以提到我们当中有一些客户，如XX企业，与贵企的情况是一样的，我们综合了他们的情况推荐了这项产品/服务，节约了他们XX费用。

◉ 形象描述法

服务人员要用生动形象的语言介绍产品的性能、特点，增强对客户的吸引力，使客户印象深刻。

例如针对企业客户推荐电力安全运维服务时，服务人员要强调该服务是结合物联网、移动互联网、人工智能等技术，为客户提供线路及设备巡检、故障抢修、运维培训等服务，可以24小时全天候保障客户的用电安全，如“用了它，就相当于为您的企业请了一位‘电管家’，随时可以为您提供全方位的用电保护。”

5 应对拒绝技巧

面对“考虑考虑”的拒绝理由

◎ 应对策略：采取“见招拆招策略”了解客户真正想法。

俗话说“趁热打铁”。当客户说“我考虑考虑”这样时，可以用诚恳的态度进行询问，了解客户的犹豫之处，站在客户的立场为客户分析，同客户一起考虑解决的方法。

面对“货比三家”的拒绝理由

◎ 应对策略：在一定程度上承认客户的看法，从产品的质量等出发罗列产品优势。

当客户说出“我想对比一下其他家”时，服务人员首先需要表达理解，再用询问挖掘客户想要进行对比的理由，弄清楚之后再进行对症下药，介绍产品/服务的独特优势。

面对“以后再说”的拒绝理由

◎ 应对策略：需要分析拒绝的理由，给客户分析错失机会的利害。

当客户用各种委婉或间接的方式表达“以后再说”的意思时，服务人员需要探询客户的心意并找出客户真正拒绝的原因：客户不喜欢你或是产品本身；客户不满意售后服务还是认为价格太高；客户没有决策权还是资金不足等。服务人员需要从专业的角度给客户分析错失时机利弊，但也切勿心急。

面对“我已有设备商”的拒绝理由

◎ 应对策略：展示公司产品的优势。

当客户说“我已有设备商”时，虽然这句话表明了客户对目前的设备商提供的各项服务很满意，但并不代表他会一直满意下去。因此服务人员应该分析客户拒绝的真实原因是什么，取得现在设备商的信息（例如，客户最喜欢目前设备商的哪一点、有没有想要完善的地方等），了解客户选择的标准，再进行专业的回答，展示产品的优势（例如，我们简单介绍一下我们产品/服务，给您做一个参考对比，您也可以多一个选择。我们产品相对于 XX 公司……）。客户都是以自己的利益最大化为前提的，如果我们能向客户详细展示自己的产品给客户带来的变化和收益，客户自然也会心动的。

面对“没有时间”的拒绝理由

◉ 应对策略：创造时间留住客户。

服务人员面对客户“没有时间”的理由，需要准确分辨客户是真的还是假的，如果是真的，可以有两种较为恰当的应对方法：① 约定时间洽谈；② 注意观察客户，适时礼貌离开，不可令对方厌恶。服务人员也要学会在短时间内以最快的速度、平和的语气、言简意赅地介绍产品。

面对“不合适”的拒绝理由

◉ 应对策略：积极向客户讨教，在讨论中化解反对意见。

服务人员可以放慢语速，用诚恳的态度向客户讨教，进行适当的恭维，尊重客户的意见（例如，看来您对电力运维方面了解很多，我们要多多向您讨教），不可以与客户发生正面的冲突。

6 客户维护技巧

为什么要维护客户关系？

客户关系的建立可以帮助培养客户对于公司的忠诚感与信任感，因为大多数客户都希望委托他们信任及可以依靠的公司开展业务，都希望使用他们可以信任和依靠的品牌。

如何维护客户关系？

客户关系是基于感情和情绪的，而不是单单的客户保留，或者是行为忠诚，例如重复购买、购买得更多等，而是认为在那里环境舒适、营销人员亲切等，即使有同样的产品也会优先选择的情感忠诚。因此根据 BMAI 战略公司詹姆斯提出的 5E 原则，需要从以下几个方面维护：

◉ 客户环境

需要了解客户的个人和经济生活是什么样的、什么是他们的目标、什么是他们要完成的、什么是他们所期待的，从合作伙伴的角度帮助客户解决问题。

◉ 客户期望

需要了解客户不期望什么以及期望什么，为客户创造惊喜，做意想不到的事情，是建立真正以情感为基础的客户关系的重要组成部分。

◉ 客户情感

需要做正面情感的加分项，少做负面情感的减分项，最终才会培育成对公司的忠诚度。我们常说"人心都是肉长的"，我们真心对待客户，客户就会真心回报我们。因此我们需要多站在客户的角度，体会对方的情感体验和思维方式，了解客户的需求，解决客户的困难，引起更多的情感共鸣。

◉ 客户体验

关于客户与公司的每一环节的接触，包括与服务人员的接触、产品的使用、售后的服务等，还可以通过资讯分享等方式建立与加强和客户之间的互动。

◉ 客户参与

让客户更多地参与生产和产品及服务的交付，创建更高水平、更贴合客户需求的产品或服务，让客户也成为我们的组成部分。一个参与进来的客户更容易传播正面的口碑，更容易与公司建立牢固的关系。

注意事项

◉ 客户分组

可以根据集团公司业务上一定的标准将客户进行分组，也可以仔细观察客户的需求和习惯，详细记录下来，成为以后提供客户服务时需要注意的细节。这种做法虽然花费不多，却往往可以成为超出客户期望的意外惊喜。

◉ 二八理论

遵从二八理论原则，从客户维护的 5E 方法出发，将 80%的精力用于挖掘 20%最有价值、最具有潜力的客户，提高他们的忠诚度。

◉ 成败分析

对于流失的客户，首先要找到问题的症结所在：客户为什么会流失？哪一类客户在流失？是什么时候流失的？要通过反思与分析，把更多的工作重心放在解决症结上，而不是放在流失客户身上。及时处理症结以重新树立在客户心目当中的形象。

◉ 定期联系

发送短信和多选发送电子邮件可以十分轻松地在节假日给客户发短信或者 E-mail 问候，对于比较重要的客户要上门拜访、交流，时时联络感情。另外，需要注意我们的穿着和言谈的严肃性和随和性，这样既提高了自己的形象，也是尊重客户的表现。

第五部分

案例篇

案例一　分布式光伏

分布式光伏发电项目充分利用太阳能资源，清洁高效，基础投资少，施工周期短，享有国家专项补贴，经济效益好，特别适用于空置面积较大、无遮挡物的建筑物屋顶，如工厂厂房屋顶、会议中心屋顶、农业大棚的棚顶等。

某市人民医院进行扩建，需要增加用电设备，市公建中心张科长联系我公司客户经理王经理，一起到人民医院进行查勘。王经理按照约定时间到达医院后与客户一起进行了现场查勘，发现建筑面积很大且空置，满足分布式光伏发电项目的条件要求。

张科长："王经理呀，我们人民医院要进行扩建，需要增加一批医疗设备，因此配电变压器也要增加。你看我们对原有配电房进行扩建，进线电缆是不是也要更换较大截面的电缆？你看我们这样布置合不合理？"

王经理："张科长好，您说的这个方案基本是合理的。刚才我还看过了医院的基本建筑情况，屋顶平整采光性良好，发现我们这里很适合同步做一个分布式光伏发电项目。想给您推荐一下。"

张科长："那你说说看，这个项目有什么好，我只是听说光伏发电很热门。"

王经理："我们这个光伏发电项目是这样的，由贵医院提供屋顶场地，我们公司出资建设所有光伏发电设备，并负责后期的运维与检修工作。光伏产生的发电量将以标准电价为基准，按照一定折扣形式供贵医院使用。由于光伏发电集中在白天，可以填补一定的高峰用电需求，减少贵医院白天的用电成本。同时工程会与配电房扩建工程同步施工，保证贵医院的安全用电需求。我们公司还会负责后期维护工作，也可以消除贵医院对于后期维护的忧虑。这对贵医院来说简直是一箭三雕呀！"

张科长："你这个方案真的很专业，比我原先的设想好多了，既满足了我的用电需求，也节约了投资成本。那就进行这个吧！"

评一评

王经理不仅熟悉公司产品的优点、适用范围，还熟悉所辖片区的地理环境、供电环境，具有较强的业务能力。

在现场查勘中，王经理不仅充分了解客户需求，还站在客户的角度提出更加符合客户需求的优质供电方案。既满足了客户的需要，又推广了公司的产品，拓展了公司的市场。

为了推广清洁能源发电，替代和减少化石能源的消费，我们应该积极向符合建设条件的潜在客户推广综合能源业务。我国太阳能资源丰富，市场潜力巨大，推广光伏发电项目，既符合国家综合能源发展利用趋势，也可以抢占市场增加公司收益。

考一考

作为客户经理你是否熟悉公司的各类产品特点、适用范围及所辖区域的供电情况?

如果你是客户经理，你是否能主动为客户推荐既经济又可靠的用电方案?

除了分布式光伏发电，还有什么综合能源项目能满足客户的用电需求?

案例二　设备租赁

变压器租赁是指客户在实施临时性用电项目时，采用租赁的方式获得变压器使用权的一种经营活动。因临时用电工程具有使用设备型号单一（箱式变电站）、使用时间短等特性，所以较适合开展变压器租赁业务。一方面可以充分利用闲置设备，提高设备使用率；另一方面可以大大提升业扩速度，并为客户节约投资成本，达到双方共赢的目的。

客户经理小李今天对上月刚完工的政府工程 M 项目的客户吕主任进行当面回访，收集并了解客户意见。检查完着装后，小李带上回访意见单提前五分钟到达客户办公地点，在车位上停好车后，掏出电话拨通了吕主任的电话，告知吕主任自己已经到达。“喂，您好。我是昨天跟您约好的 Y 电力工程服务中心客户经理小李。现在到您公司楼下了，方便现在拜访您吗？”“好的，那我上来了。”

客户经理小李：“吕主任，您好。我是刚刚和您电话沟通过的 Y 电力工程服务中心客户经理小李，M 工程项目我们已经顺利完工了。非常感谢您给我们这次合作的机会。不知您对我们的服务还满意吗？”

吕主任：“嗯，不错，非常感谢你们的辛苦付出。”

客户经理小李：“那现在工程结束了，您应该也轻松一点了吧？”

吕主任：“哪里呀。呐，那个 G 小学的工程也由我们代建，有的苦了。”

小李一听，知道是基建工程需要临时用电，这是一次业务机遇，马上毛遂自荐：“吕主任，我们现在也合作过很多次了，我们的工程质量您也放心，电力相关工程可不要忘记我们呀，我们一定提供最好的服务。”

吕主任：“那你这次正好来着了，某某小学我们正好需要基建用电 2 台 630kVA 箱式变电站，你帮我参谋参谋？但是学校工程可不像之前的 W 地产的工程，它的经费紧张，而且完工后还要审计，到时候用完的箱式变电站都不知道怎么处理。”

小李一听，基建工程正好与公司在力推的变压器租赁项目合拍，立即回复道：“吕主任，学校建起来速度应该很快，1 年多就差不多建好了。针对您的这个情况，我们公司有变压器租赁业务。2 台 630kVA 箱式变电站，买价是 30 万左右一台，两台就是 60 万左右，而我们推出的变压器租赁业务 2 年的租赁费用也就 30 万元左右，计算下来钱不仅省了大半，而且没有后续审计问题。公司内租赁设备有现货，送货速度特别快，还不影响您的电力施工进度。要不明天我给您一个详细的方案，您参详一下？”

吕主任：“你们还有这么好的服务呀，那太好了。”

小李：“对的，这是最近公司专门针对基建工程等需要临时用电的客户提供的一项服务，您的条件正好符合。那就这样说定了。明天我给您一个详细的方案，您再看一下。看您这么忙，我也就不打扰了，明天再来拜访您。某某小学之后的正式用电工程也要考虑我们哦！吕主任，那我先告辞了，再见！”

第二天，小李准备好方案再次拜访吕主任，吕主任对小李提供的变压器租赁方案非常满意，当场与小李达成了委托协议。

评一评

客户经理小李此次回访非常成功，回访礼节到位，获得客户满意的答复。

客户经理小李不仅按照公司要求做好了回访工作、拜访礼仪到位，还在与客户的谈话过程中敏锐地捕捉到了客户的新需求。

在与客户洽谈新业务时，李经理不仅反应迅速、非常熟悉公司新业务，及时为客户提供了合适的变压器租赁业务，还为后期潜在的业务（G 小学正式用电工程）打下了铺垫。

考一考

如果你是客户经理，假如自己公司没有客户需求的用于租赁的现货变压器，该如何处理？

通过回访，除了可以了解到客户新的需求，你觉得还可以了解到什么信息？

案例三　电力运维

市场上，企业的电力设备运维基本采用传统的雇佣电工模式，但由于电力运维对电工专业能力要求高、对电工值班时间要求长，很难满足企业的安全用电需求。随着经济的发展，电力企业客户群体逐渐壮大，电力代运维服务正成为一个潜在市场。集体企业开展客户电力设施代运维服务有着天然的优势，面对这一巨大的蛋糕，服务人员在提供优质传统服务的同时，应大力开发新型市场，做到全民营销，积极拓展新业务。

凌晨 3 点，Y 电力工程服务中心值班人员卓某被电话铃声吵醒。“喂，Y 电力工程服务中心值班人员卓某，很高兴为您服务。请问有什么需求？”“我们这边是 A 公司，需要报修……”

20 分钟后，卓某和故障抢修人员王某已抵达刚刚报修的 A 公司。A 公司老板徐某正焦急地等在大门口：“真不好意思，这么晚了还要你们来，但是这批货等着交，工人们都通宵加班。突然停电，只能麻烦你们了。”

卓某：“这是我们应该做的，我们这就过去配电室吧，顺便可以跟我们说说是什么情况。”

A 公司老板徐某：“我也不清楚什么情况，反正就突然停电了。配电室在那边，钥匙我带着呢，帮忙看看。”

卓某进配电室一查，原来是熔管烧掉了，卓某迅速开始为客户维修，并向在旁边的老板徐某了解情况：“这是小问题，就是你全力生产，用电负荷加大，熔管烧了，换一个就好了。你们的电工小王呢？今天怎么你大老板亲自打电话报修？”

老板徐某：“说起这个就来气，去年过年他跟我说要加工资，我一犹豫，就被对面的公司挖走了。你有没有相熟的电工，帮我介绍一个？”

卓某：“啊，那你们公司已经这么久没有电工了？怪不得你生产全面开工，用电负荷上升，也没换个大点的熔管。”卓某一想，这不正好成了我们公司客户电力代运维服务的潜在客户？于是，他便立即接着说道：“现在电工不好找啊，工资低了没人来，工资高了，你们负担大。我们公司现在有客户电力运维服务可以提供，你跟我们公司签个合同，你就不用请电工了。”

“还有这样的服务，等你修好，给我详细说说。”

10 分钟后，徐某的 A 公司恢复送电，现场又是一片机器轰鸣声。

老板徐某很高兴：“谢谢你们啊，来，去我办公室喝杯热水，顺便给我讲讲那个代运维的事。”

卓某：“你看，这么晚了，坐就算了。我先简单给你介绍下，明天带详细的方案给你。电力运维服务是我们公司的新业务，贵公司可以用比雇佣电工更少的钱，享受到更好更全面的 24 小时全天候电力运维服务。合作后，我们定期为你们检查电力设备运行情况，对你们公司电力设施的运行情况 24 小时无间断监控，发现故障立即主动派人为你们服务。可能你的报修电话还没打来，我们就已经到了。同时会根据工厂的用电情况，为你们提供更优化的用电方案。”

“还有这么好的服务，明天我再跟你们了解一下签订合同。今晚辛苦你们了，谢谢啊！”

第二天下午，刚值完晚班本该休息的卓某兴致勃勃地带着同事拟好的《A 公司电力设施代运维合同》和《电力设施代运维宣传手册》来到 A 公司老板徐某办公室。徐某看着合同，边看边说：“嗯，确实比雇佣电工便宜多了，而且服务很全面。这里签字是吧？哈哈哈！”爽快的徐老板，立刻在合同上签下的他的大名……

评一评

卓某作为公司抢修人员，在完成抢修工作的同时，还拓展了公司的新业务。

卓某作为公司抢修人员，不仅专业能力扎实，还对公司的电力设施代运维服务了解得比较透彻，当客户有意向时，能及时做出介绍解答，成为公司的“营销前线人员”。

卓某在获得 A 公司老板徐某的口头允诺后，第二天就抽出时间完成非本职的合同签订工作，避免了间隔时间较长、客户遗忘反悔的情况。

考一考

如果你是集体企业负责人，如何激励非经营人员参与营销工作，让“人人争当营销员”的理念深入人心?

你对如何拓展“电力设施代运维服务”市场有什么建议?

案例四　现场查勘

Z 公司因为现在所在区域拆迁，就在距离现在厂区 20km 的地方新买了块地皮准备建造厂房，Z 公司负责人王经理负责办理新厂区基建变电站安装事宜。王经理找到 Y 电力工程服务中心，办理好委托手续后被告知后续会有客户经理联系他去现场实地查勘，王经理就回了单位。

王经理一直在等候联系，结果迟迟没有答复，直到第 5 天上午该电力工程服务中心客户经理李经理才联系了王经理，约定去现场看一下施工场地。王经理驱车赶到新厂区工地陪着李经理进行实地查勘，李经理了解了王经理所在公司的诉求后就和王经理分别回了各自公司。

下午王经理又接到该电力工程服务中心设计部门人员的电话，约定王经理去现场查勘作为图纸设计的依据，所以王经理下午又驱车赶到工地陪着设计人员查勘了一番。

隔了一天，李经理再次给王经理打电话要求王经理赶到现场陪着再次查勘，这次李经理带着施工班组人员进行实地测量，确定工程量和工程材料，查勘后交由王经理确认签字。王经理很是烦闷，询问李经理："现在查勘完了吗？什么时候还要来不？你们两天工夫来查勘了三次，也让我来回跑了上百公里的路，我这个工程大概需要多少费用能做下来？"李经理回答说："这个没办法，主要是为了你们的工程，所以要查勘细致一点，再说了设计人员是为了出图来的，我们是为了查勘实地环境和确定工程量，至于费用问题，到时候等预算出来后会有人通知你的。"王经理听了之后很生气地说道："现场查勘那么晚才来，两天来了三批人，每次还要我大老远地赶过来，问点问题都不能正面回答，你真当我每天很空啊，装个基建变电站，弄得跟大爷似的！"王经理心里很不满，拿起手机拨打了电力工程服务中心的投诉电话。

评一评

李经理收到系统上的客户办电的安装委托后，没有按照工作要求及时和客户联系约定时间去实地查勘。

内部协同工作没有做好，导致客户在公司和工地来回跑。

李经理答复客户的提问语气生硬，没有为自己的工作失职道歉，没有实质性回答，推脱责任。

本次处理不当会给客户留下不良印象，可能造成后期的潜在业务流失。

本案例的正确做法：

- 收到客户的办电安装申请后，客户经理应在 2 个工作日内完成现场查勘工作。
- 现场查勘应一次性完成，客户经理协同项目经理及设计人员一起去现场查勘，确定施工方案、材料及工程量，避免客户多次往返。
- 根据客户的委托意向，客户经理应向客户介绍公司的典型设计业务，当客户确定典型设计后，可以一并告知施工费用概况，减少工程施工时间。
- 客户经理应积极学习商务礼仪，要有服务至上的理念，为营造良好的“营商环境”贡献力量。

考一考

在本次案例中，假如你作为客户经理，你还有什么更好的解决方案？

客户经理作为公司代表与客户接触，案例中这名客户经理的行为会造成公司的哪些损失？

怎样成为一名合格的客户经理？客户经理最基础的职业素养是什么？

案例五　现场受理

L 公司客户代表王经理来 Y 电力工程服务中心申请一台 400kVA 变压器的新装业务。服务人员小林因家庭矛盾情绪低落，在看到王经理进门也故作无视。王经理落座后，方才不耐烦地斜眼瞟了客户一眼，问道："你办什么？"。

王经理："我要装一台 400kVA 变压器。"

小林问道："身份证、供电方案单带了吗？给我。"

王经理表示只带了公司营业执照，小林直接表示："资料都没带齐我们不能办理。这样吧，你把资料拿齐后再来办理。"王经理听了很不满意，但想到业务还是要来办的，强压怒火转身离开了。

第二天王经理再次来到营业厅申请办理，小林看到后仍是一脸冷漠地说："麻烦把身份证、供电方案单给我。"

王经理立即将资料递交给小林，小林粗略地看了一下，从柜台取出委托书，说："这是工程委托书，麻烦你在上面签字盖章。"

王经理听到后，立即反映道："你昨天又没告诉我要带公章？再让我跑一次啊？"小林说道："这个还要说吗？办手续肯定需要公章的呀！委托书没盖章，我怎么受理呀？"王经理听后当场发火，责怪小林没有一次性说明清楚，造成他白跑了几趟。

评一评

- 小林没有做到主动服务，没有调整好工作状态，把家庭矛盾引起的不良情绪带至工作中，造成客户对服务人员的服务态度不满。
- 小林没有做好一次告知，造成客户重复往返。
- 小林未主动向客户推荐微信公众号，以方便客户线上受理。

本案例的正确做法介绍：

- 客户来到电力工程服务中心，服务人员应做到主动迎接服务，积极热情地引导客户做好接待工作。

- 服务人员应主动了解客户需求，根据客户需求，履行一次性告知义务，告知客户需办理该业务的相关资料并指导客户填写好工程委托书。

- 需向客户主动推荐微信公众号，介绍公众号的功能。如客户未携带相关资料，还可以告知客户可以通过邮寄或线上提交的方式，补充完善相关资料。

考一考

- 如果你是服务人员，在这个案例中还可以为客户提供哪些更好的服务？
- 如果你是服务人员，对于管理自己的情绪有什么更好的建议？

案例六　进度管控

T 公司客户代表徐经理来 Y 电力工程服务中心申请一台 400kVA 变压器新装业务，服务人员根据客户提供的完整资料实时录入，并告知客户等候查勘通知。徐经理看到手续这么简单，以为没什么事情就回去了，但之后徐经理一直都没得到联系，也没法查看进度，一周后等不及的徐经理打电话到电力工程服务中心询问为什么还没安排现场查勘。

服务人员小林："徐经理您好！我已经帮您办理系统录入了，我也不清楚为什么没有安排查勘，要不我帮您问问客户经理？"徐经理无奈说道："我这个工程很急的，麻烦你们要尽快呀，帮我催一下！"小林随即打电话通知客户经理葛经理，葛经理接到电话连忙说："我现在正在外面查勘呢，怎么又来一个，好了，我知道了，有空我会联系的。"

次日徐经理一大早便匆匆赶到服务中心，再次询问受理员小林："小姑娘，你昨天帮我问了没有，也没给我来个电话，你们到底什么时候给我去查勘呀，到时候来不及，影响进度了，损失谁负责？"小林听到后有些慌了，赶紧回答说："我昨天帮你打过电话了呀，客户经理没联系你吗？查勘的事情是归客户经理管的，我也不知道。"徐经理听后顿时有些来气，大声说道："你们都是一家单位的，我管你们谁是谁呀，我来办理业务，你们安排谁，那是你们的事情，我只管快点给我开工就行了，我赶时间的，老是让我跑来跑去，你以为我很闲啊！"小林看到徐经理情绪激动，不敢再多说，立即请客户经理葛经理出面解决。

葛经理从办公室出来，回复徐经理说："近期工程是有点多，我近期会尽快安排出来的。安排好了给您打电话，您看行吗？"徐经理疑惑道："你们对客户就是这么服务的？你们不是应该有时限要求的吗？那给我个具体的时间吧，我不想再等了。"葛经理点点头表示："好的，就这两天，我们会联系您，放心好了！"说完便又回到办公室，收到这样草率的处理反馈，徐经理憋了一肚子气。

评一评

服务人员小林未按工作要求做好一次性告知客户查勘时限的工作，同时未主动向客户推荐介绍微信公众号，以便客户实时了解工程进度等相关信息。针对客户经理葛经理未及时安排现场查勘的情况，服务人员小林应该督促客户经理葛经理，跟进工作。

葛经理应该及时进行项目跟进，联系客户，告知并预约上门时间，与客户保持定期沟通。同时，葛经理没有及时对自己的工作失误向客户道歉，没有站在客户的角度安抚客户的情绪。

本案例的正确做法介绍：

- 服务人员应在业务办理过程中，主动向客户告知业务流程、各环节具体工作时限等，拉近与客户的距离；同时，需要主动向客户推荐微信公众号，以便让客户了解后续相关流程环节与项目进程。在录入资料后应注意跟进下一环节的进展情况，当发现有问题时应提醒相应的客户经理。
- 客户经理应在业务受理后 2 个工作日内，及时联系客户，预约现场查勘时间，并留下自己的联系方式，以避免客户多次往返服务中心咨询问题。
- 服务人员与客户经理的内部协同工作需要做到位，彼此做好督促工作，及时跟进业务流程。

考一考

假如你是服务人员，发现客户经理没有及时查勘的问题，你会如何与客户经理沟通？

假如你是客户经理，发现自己没有及时跟进客户工程进度，你会怎么与客户沟通？

案例七　绿色通道

高速公路建设 K 公司于 11 月 9 日前往电力服务中心办理新装 2000kVA 配电工程 EPC 总承包业务委托。因为次年 1 月 1 日高速公路某出口要亮灯用电，工期要求当年 12 月 30 日前必须通电。服务中心接受业务委托后，于 11 月 16 日完成施工图设计，11 月 22 日完成预算编制并递交施工图预算给客户，进入合同洽谈签订环节，此时距离最后通电日期只剩下 38 天。

客户经理孟经理告知客户，按照流程安排，只有客户签订合同支付工程款后，承包方才能启动设备采购程序。本工程设备需招标采购，从启动招标至设备生产完毕具备出厂条件最短需要 30 天，电气施工、竣工报验、验收、装表接电总共只剩 8 天，需尽快签订合同。

客户拿到施工图预算后很着急，反馈到服务中心。因客户方的合同签订必须履行内部会签流程，最快也要 7 天后方能签订合同，工程款支付还需要在合同签订后 3 至 4 天完成。如果按照服务中心的正常流程，已无法在目标工期前完成施工任务，将会对高速公路的开通造成重大影响。客户非常着急，孟经理将客户的情况反馈给中心主任，为客户申请开通合同签订绿色通道，让客户可以一边走合同签订流程，一边立即启动设备采购及施工准备流程。

服务中心主任了解后，与客户洽谈了解工程情况，告知客户先行回去，当日会回复客户解决方案。待客户离开后，服务中心主任立即召集客户经理、项目经理、招标专职人员对本工程工期进行讨论分析，寻求并行触发、环节压缩的解决方案，讨论后形成了必须马上启动绿色通道、启动设备招标采购程序的实施方案。与会人员形成统一思想，全力满足客户工期目标。服务中心主任于当日下午启动合同签订绿色通道流程，报总经理审批后立即启动设备招标程序，并电话告知客户具体实施方案。最终该工程于 12 月 28 日完成工程通电，顺利在次年 1 月 1 日点亮新高速公路路灯。

评一评

本次事件中的工程属于服务中心政府投资 EPC 总承包项目，设计、预算等环节消耗时间符合相应时限要求，合同签订及工程款支付环节因客户原因需要消耗较长时间，影响总工期。由于项目无法按期投产会对高速公路的开通产生重大影响，为了更好地处理客户的问题，在符合集团公司开启合同签订绿色通道要求的前提条件下，客户经理可申请开通绿色通道，为客户提供更好的服务。

服务中心在项目推进过程中遇到需多部门协调解决的问题，可召开工程专项协调会，统一思想，形成合力，有效解决问题。本案例中服务中心主任召集客户经理、项目经理和招标专职人员就具体问题进行讨论分析，形成解决方案，在此项目的顺利推进中起到关键作用。

考一考

- 客户经理遇到此类工程的客户需求时，应如何处理？如何答复客户？
- 除此之外，还有什么样的工程具备开通绿色通道的条件？

案例八　业务回访

某日电力工程服务中心小杨致电 G 服装企业顾总进行变压器业扩新装工程竣工后的回访工作："顾总，您好！我是电力工程服务中心的杨 XX，请问您现在说话方便吗？"

顾总："没问题。"

小杨："我是来对您五月份委托我们的工程做一个简单的回访，大概占用您一分钟的时间。"

"你说。"

"请问您对我们工程全过程的服务还满意吗？"

顾总："嗯……还行吧，有些东西说多了也没意思。"

小杨听出了客户有些欲言又止，语气中隐约感受到有些不满，便问道："有什么话您可以跟我们说，我们希望可以多听取您的宝贵意见。"

顾总："其实我本来也是不想说的，也就几块钱的事，你既然这么问我了，我就跟你直说吧。上次施工的时候，有一些零星材料留在工地本来准备自己处理的，等回头看的时候发现你们的施工人员已经把材料当垃圾清理掉了。不是要计较材料问题，就是觉得至少你们的施工人员要告诉我一声。"

小杨："顾总，非常抱歉，是我们的工作失误。我马上核实一下您反映的情况，稍后给您回复。"

顾总："不不不，也不用回复。我就说一句，你们别的工作还是做得挺好的。对比两年前，我办理一个临时变压器，与现在相比，已经有很大的进步了。"

小杨听后，连忙表示："谢谢您的夸赞，这是我们应该做的。我们的施工人员按照公司要求，完工后要及时帮助客户清理现场。刚才您提到的问题，我们会认真落实，让我们的施工人员在清理前告知客户，注意避免此类事件再次发生。"

顾总听了之后，哈哈大笑，连连称赞，对小杨的工作表示赞赏。

评一评

按照《集体企业客户回访制度》规定及标准话术要求做好回访工作，注意电话服务礼仪，切实站在客户的角度解决问题。

针对客户在回访中提出的问题以及不满，回访人员需要及时安抚客户的情绪，了解问题发生的具体原因，记录在册，抄送给相应的部门，并负责跟进事情处理的结果，及时告知客户，并记录处理结果。

考一考

在业务回访过程中，面对情绪激动的客户应该如何安抚他的情绪?

回访的时候需要完成哪些流程?

案例九　款项回收

资金是企业的血脉，贯穿企业生产经营的全过程，是企业生存和发展的基础。良好的资金链管理，是企业健康经营的生存之道。因此，对于工程款项的回收一定要防患于未然，严格按照集团规定把控每个关键环节，争取将可能发生的损失降到最低。

M 房产公司在宁波杭州湾新区某地块开发一个小型住宅小区项目，委托 Y 电力工程服务中心总承包该小区变受电工程建设。双方签订合同并约定通电前支付 95%工程款。支付预付款前，M 房产公司的王副总对电力工程服务中心该项目客户经理单经理说："最近房产市场销售价格走低，我们公司决定延迟半年交付，你们缓一缓开工吧。"单经理与王副总平时交情不错，就爽快地答应下来。

项目竣工报验前，王副总对单经理说："兄弟帮个忙，我们公司最近资金周转有点难，没法按合同付你款项，先付 90%的进度款，等我们售楼的尾款拿到后马上付你，先帮我们通电报验。"单经理心想，90%的进度款按一般工程来说也不亏本，再说王副总为人性格豪爽，便碍于面子答应了下来。

结果等项目竣工通电后，由于延期施工期间材料价格大幅上涨，造成工程结算价大幅超出合同价格。单经理向王副总几次催讨工程款，王副总表示："项目尚未开展审计、项目审计未完成、销售筹款不到位……"各种理由敷衍、拖延，而单经理除了口头催促几次后，并无其他措施去催收款项，期间单位也未对相应未结账工程的应收账款进行梳理和考核，导致过了三年的民事诉讼有效期。

评一评

单经理对客户提出延迟施工这一违反合同约定的行为，未提出在开工前复核预算，价格变化幅度超过 15%的，应考虑重新签订合同，以防范工程款项回收风险。

单经理对客户提出不按合同约定在通电前足额付款的行为，碍于人情答应下来，违反了公司规定，让公司承担了工程款项回收风险。

单经理对客户在工程结算后，未及时进行审计并支付工程尾款的行为，仅以几次口头催促应对，存在失职行为。

本案例的正确做法：

- 严格按照集团规范把控每个关键环节，争取将可能发生的损失降到最低。
- 应采取有效措施减少损失。施工单位应采取询证函等形式让相关工程款项的诉讼期限得到有效延续。

考一考

对于客户经理未按公司规定，在客户未按合同约定足额支付工程款项时，私自盖上竣工报验章的行为，如何从公司角度控制和防范风险？

由于电力行业的特殊性，部分工程因为时间紧迫，未签合同先施工。由于没有施工合同，只能由公司先垫资施工，导致工程备料款和进度款无法及时收回。针对这类工程，你有什么控制和防范风险的措施？

小贴士

合理有效地防范与控制应收账款的回收风险，应作为企业一项重要的管理工作。经营管理部门应树立全新的经营理念，加强业主信用管理，明确有关部门和人员职责。财务部门应加强监督，确保内部控制制度的有效实施，使企业应收账款的回收风险降到最低。具体措施有：

- 要从源头上防止拖欠工程款的产生，加强业主信用管理。要从项目承接开始之前，就想方设法地以各种渠道充分了解摸清建设单位的资金来源、资金现状、结算方式等，尽可能规避资金不足的垫资工程项目、不合理的低价工程项目以及超出我们所能承受范围的让利工程项目等。

- 加强施工合同方面的管理工作。施工合同的签订，必须符合国家的相关法律法规，合同条款一定要严谨，对工程价款的结算、工程资金的回收、有关变更的现场签证等相关条款更是要表述清楚，严防因施工合同的疏漏而造成工程拖欠款现象的发生。

- 明确拖欠款回收职责，坚决杜绝只负责施工、不负责回收资金的做法，并且与工程项目的奖励、月度绩效奖金相挂钩，将其作为一种重要的考核持续执行。

案例十　应急处理

客户于某工作日上午 8 点 25 分来电力工程服务中心办理业务，发现大门紧闭未开门营业，既而微信拍照发朋友圈，并评论："Y 电力工程服务中心还是国资企业吗？上班时间不开门，导致客户无法办理业务。"

客户服务班葛班长看到客户朋友发至微信朋友圈的内容，第一时间查看监控并向营业窗口人员核实情况，查实开门时间符合规定，只是没有将营业时间公示牌放在醒目位置，导致客户有所误会。

由于葛班长平时都会积极与客户定期联系，了解到该客户性格较为直爽，可以与客户直接沟通，于是葛班长立即联系该客户并解释道："兄弟，看到您朋友圈发的信息了，您是来找我的吗？不清楚我们几点上班？您和我说一声就好了嘛，我直接到大门口来迎接您！"

于某立马回答："你在这里上班吗？哎呀，误会，误会！我来问个事情，你们不是一直都是 8 点就开门的吗？"

葛班长回答："兄弟呀，我们是 8 点 30 分开门呀，而且您可以加一个我们的微信公众号嘛，有什么事情不用自己过来了，直接微信发我们，我们会第一时间回复您的！"

客户于某立即表示马上添加微信公众号，并立即主动删除了该条朋友圈。葛班长的及时处理将不利舆情控制在了萌芽状态。

评一评

随着网络的普及，应及时发现问题及时处理，在舆情处理黄金时间内解决问题。

- 这次事件中，由于服务中心没有把营业时间牌放到醒目的位置，导致客户产生误会。因此各服务中心应该按照公司要求在醒目位置放置营业时间公示牌，并在公司微信公众号上公告营业时间。

- 服务中心人员应与客户建立多种沟通渠道联系，了解客户需要，也便于及时发现并控制不利舆情的扩散。

考一考

- 作为电力工程服务中心的一员，你是否知晓舆情处理黄金时间?

- 在工作中，如果出现客户情绪激动，该怎么处理?

小贴士

随着新兴媒体的崛起、渗透并深刻参与到突发事件的发展过程中，在数小时内就可能将突发事件传播、发酵为有着重大舆论影响的事件，因此突发事件处置有着“黄金 1 小时”之说。